美丽乡村
居住环境改造与规划设计探讨

罗雅敏 雷 雨 张勇一 ◎ 著

吉林出版集团股份有限公司

图书在版编目（CIP）数据

美丽乡村居住环境改造与规划设计探讨 / 罗雅敏，
雷雨，张勇一著 . — 长春 ：吉林出版集团股份有限公司，
2021.9

ISBN 978-7-5731-0462-5

Ⅰ . ①美… Ⅱ . ①罗… ②雷… ③张… Ⅲ . ①乡村—
居住环境—改造—研究—中国②乡村—居住环境—环境规
划—研究—中国 Ⅳ . ① X21

中国版本图书馆 CIP 数据核字（2021）第 192256 号

美丽乡村居住环境改造与规划设计探讨

著　　者	罗雅敏　雷　雨　张勇一
责任编辑	曲珊珊
封面设计	林　吉
开　　本	787mm×1092mm　　1/16
字　　数	250 千
印　　张	11.25
版　　次	2021 年 11 月第 1 版
印　　次	2021 年 11 月第 1 次印刷
出版发行	吉林出版集团股份有限公司
电　　话	总编办：010-63109269
	发行部：010-63109269
印　　刷	北京宝莲鸿图科技有限公司

ISBN 978-7-5731-0462-5　　　　　　　　　定价：79.00 元

前　言

2012 年，党的十八大报告中首次提出建设"美丽中国"新概念。2013 年首次提出"美丽乡村"建设，从此，美丽乡村建设开始成为我国农村发展新目标。2017 年，党的十九大报告中又提出实施乡村振兴战略，这是推进美丽中国建设的重要举措，同时也是我国社会主义新农村建设的升级版，而美丽乡村建设则是乡村振兴战略的重要一环。当今我国已进入社会主义新时代，社会主要矛盾发生了新变化，为满足亿万农民对美好生活的追求，美丽乡村建设成为美丽中国建设不可或缺的部分，是全面建成小康社会的重大举措，是解决新时代"三农"问题的重要抓手，也是缩小城乡差距的必然要求。

新时期，美丽乡村建设不仅关乎农村生态环境改善，更是要兼顾乡村经济发展，促进产业升级转型，提升乡风文明，实现广大人民群众的富裕生活。然而，对于美丽乡村的建设不可自主开展，也不可套用城市规划方案，必须要融入科学、合理的规划理念，不仅要着眼于全方位的布局，更要有长远眼光，既考虑整体上的布局和协调，也要充分考虑乡村规划对于自然环境、民俗风情等的影响，尽量减少对于自然的破坏，如此才能保障美丽乡村的规划能够符合规范的要求，从而促使乡村环境更加的自然、优美。

近年来，基于美丽中国的大背景下，乡村正以不同于城市的方式快速发展，美丽乡村规划也日趋成熟。本书从美丽乡村理念的提出与发展入手，总结探讨了美丽乡村规划设计方法、村庄规划与布局、民居建筑规划设计、乡村景观环境设计、乡风环境规划设计、乡村人居环境治理、美丽乡村建设的保障措施等内容，内容广泛、翔实，可作为学生学习的专业读本；也可供乡村规划领域的工作人员参考。

本书编写过程中，参考、引用了有关文献与资料，在此向相关作者表示诚挚的谢意。本书作者虽竭尽全力，但因水平有限，不妥之处在所难免，恳请广大读者批评指正。

作　者

2021 年 3 月

目　录

第一章　美丽乡村理念的提出与发展

党的十八大首次提出建设"美丽中国"的新概念。中共中央总书记习近平同志指出：中国要强，农业必须强；中国要美，农村必须美；中国要富，农民必须富。他还特别强调，要继续推进社会主义新农村建设，为农民建设幸福家园和美丽乡村。他谈到"美丽乡村"时明确指出，实现城乡一体化，建设美丽乡村，是要给乡亲们造福，不要把钱花在不必要的事情上，比如说"涂脂抹粉"，房子外面刷层白灰，一白遮百丑；不能大拆大建，特别是古村落要保护好；即使将来城镇化达到70%以上，还有四五亿人在农村；农村绝不能成为荒芜的农村、留守的农村、记忆中的故园；城镇化要发展，农业现代化和新农村建设也要发展，同步发展才能相得益彰。美丽乡村是我国建设现代化的重要组成部分，是统筹城乡发展的重大举措，是解决"三农"问题的金钥匙，是强化农业、建设农村、富裕农民的重要手段和基础工程。

第一节　美丽乡村的内涵

近年来，"美丽乡村"一词深入人心，美丽乡村建设也在全国各地如火如荼地开展起来。一说到美丽乡村，大家脑海里可能都会浮现出一幅幅青山绿水的美丽画卷，但是什么是美丽乡村呢？要想用一句话把这个概念解释清楚还真不是一件容易的事情。首先，我们还是要从"美丽乡村"的由来说起。

2005年，中国共产党第十六届五中全会明确指出"建设社会主义新农村是我国现代化进程中的重大历史任务，要按照生产发展、生活宽裕、乡风文明、村容整洁、管理民主的要求，扎实稳步地加以推进"。

2012年，党的十八大报告中指出要"努力建设美丽中国，实现中华民族永续发展"。第一次提出了"美丽中国"的全新概念，强调必须树立生态文明理念，明确提出包括经济建设、政治建设、文化建设、社会建设和生态文明建设在内的"五位一体"的社会主义建设总布局。这充分体现了中国共产党以人为本、执政为民的理念，顺应了人民群众追求美好生活的新期待，符合我国国情。美丽中国的建设目标就是要实现经济、政治、文化、社会、生态的和谐和可持续发展。

在2013年中央一号文件中，第一次提出了要建设"美丽乡村"的奋斗目标，进一步加强农村生态建设、环境保护和综合整治工作。事实上，农村地域和农村人口占中国的绝大部分，正如习近平主席所说，即使将来城镇化达到70%以上，还有四五亿人在农村。农村绝不能成为荒芜的农村、留守的农村、记忆中的故园。因此，要实现十八大提出的美丽中国的奋斗目标，就必须加快美丽乡村建设的步伐。加快农村地区基础设施建设，加大环境治理和保护力度，营造良好的生态环境，大力加大农村地区经济收入，提升农村居民的幸福感和满意度，才能早日实现美丽中国的奋斗目标。

总的来说，美丽乡村是规划科学、布局合理、环境优美的秀美之村，是家家能生产、户户能经营、人人有事干、个个有钱赚的富裕之村；是传承历史、延续文脉、特色鲜明的魅力之村；是功能完善、服务优良、保障坚实的幸福之村；是创新创造、管理民主、体制优越的活力之村。美丽乡村是对乡村未来发展，特别是生态文明建设目标的诗意表达，其实质是一种人与自然和谐、经济社会发展与生态环境保护双赢的文明发展新境界、新形态，充分反映了人民群众对人与自然和谐发展的美好愿望和期盼，其特征主要概括为"四美"（科学规划布局美、村容整洁环境美、创业增收生活美、乡风文明身心美）和"三宜"（宜居、宜业、宜游）。

从2013年起，农业部在全国开展"美丽乡村"创建活动，这是农业部贯彻党的十八大和中央一号文件精神的具体举措和实际行动。可以说，"美丽乡村"创建是升级版的新农村建设，它既秉承和发展新农村建设"生产发展、生活宽裕、村容整洁、乡风文明、管理民主"的宗旨思路，延续和完善相关的方针政策，又丰富和充实其内涵实质，集中体现在尊重和把握其内在发展规律，更加注重关注生态环境资源的有效利用，更加关注人与自然和谐相处，更加关注农业发展方式转变，更加关注农业功能多样性发展，更加关注农村可持续发展，更加关注保护和传承农业文明。从另一方面来说，"美丽乡村"之美既体现在自然层面，也体现在社会层面。在城镇化快速推进的今天，"美丽乡村"建设对于改造空心村，盘活和重组土地资源，提升农业产业，缩小城乡差距，推进城乡发展一体化也有着重要意义。与此同时，创建"美丽乡村"也是亿万农民的中国梦。作为落实生态文明建设的重要举措和在农村地区建设美丽中国的具体行动，没有"美丽乡村"就没有"美丽中国"。开展"美丽乡村"创建活动，符合国家总体构想，符合社会发展规律，符合农业农村实际，符合广大民众期盼，意义极为重大。

美丽乡村建设是建设社会主义新农村的具体要求，是实现美丽中国建设目标不可或缺的重要组成部分。美丽乡村建设涵盖以往的新农村、休闲农业、农家乐、乡村旅游等内容，目前在全国还没有一个统一的规定和固定模式，各个地方都在根据自身的特点制定各自的建设方针。

"美丽乡村"不仅是一个生态概念，还是一个经济概念，更是一个社会概念。美丽乡村不光有一个美丽的外表，关键在于提升农民的生活水平和生活质量，实实在在地提高农民的幸福指数，它应该是结合经济、政治、人文、生态、环境等方面的一个完美组合，这才是对美丽乡村的真正追求。美丽乡村建设不是"面子工程"，而是实实在在的民生工程，承载着社会主义新农村建设和生态文明创建的新使命。

"美丽乡村"是生态文明建设的目标，即既要"金山银山"，也要"绿水青山"。贫穷落后中的山清水秀不是美丽中国，强大富裕而环境污染同样不是美丽中国。同时，建设"美丽乡村"需要科技、制度、文化等来保障，最终实现人与自然、环境与经济、人与社会的和谐。从这个意义上讲，"美丽乡村"由环环相扣的三个层次的美构成。

第一个层次的美是指自环境之美、人工之美和格局之美，这是建设"美丽乡村"的基础。建设"美丽乡村"，首先要尊重自然、顺应自然、保护自然，维护自然环境之美。同时，应站在可持续发展的高度布局人工环境，构筑科学发展的格局之美，这是建设"美丽乡村"的切入点。人工之美是自然之美的延伸，是人类科学合理地利用自然环境的体现。人类社会发展既要维护生态平衡，又要利用自然资源、自然环境创造物质和精神财富。应在维护生态平衡的基础上，努力构建人与自然和谐发展的人工之美和格局之美，构建科学合理的城镇化格局、农业发展格局、生态安全格局，促进生产空间集约高效、生活空间宜居适度、生态空间山清水秀。

第二个层次的美是指科技与文化之美、制度之美、人的心灵与行为之美。这是建设"美丽乡村"的必要条件。建设"美丽乡村"，需要在全社会大力倡导绿色发展理念、合理消费理念，树立正确的生态价值观、绿色财富观和绿色利益观，形成鼓励绿色发展、合理消费的社会环境和氛围；需要研发和运用节约资源、保护环境的科学技术，开拓新的发展空间，破解资源环境制约经济社会发展的难题；需要建立和完善环境保护制度、资源有偿使用制度和生态补偿制度等，加强生态文明制度建设；需要塑造美丽心灵、倡导美好行为，增强全民节约意识、环保意识、生态意识，营造爱护生态环境的良好风气。

第三个层次的美是指人与自然、环境与经济、人与社会的和谐之美。这是建设"美丽乡村"的落脚点与归宿。建设"美丽乡村"，实现人与自然和谐相处，需要摒弃过度耗费资源、损害环境的传统发展模式，着力推进绿色发展、循环发展、低碳发展，形成节约资源和保护环境的产业结构、生产方式、生活方式，实现人与自然、环境与经济和谐发展。"美丽乡村"，还美在人与社会和谐发展上。人与社会和谐发展，需要在尊重、把握和顺应自然规律的基础上，不断地调整当代人之间以及代际之间的环境利益关系，努力实现人与人、人与社会、当代人与子孙后代的环境利益关系的和谐统一。

第二节　美丽乡村建设的实质与意义

美丽乡村建设是美丽中国建设的重要组成部分，是全面建成小康社会的重大举措，是在生态文明建设全新理念指导下的一次农村综合变革，是顺应社会发展趋势的升级版的新农村建设。它既秉承和发展了"生产发展、生活宽裕、乡风文明、村容整治、管理民主"的宗旨思路，又顺应和深化了对自然客观规律、市场经济规律、社会发展规律的认识和遵循，使美丽乡村的建设实践更加关注生态环境资源的保护和有效利用，更加关注人与自然和谐相处，更加关注农业发展方式转变，更加关注农业功能多样性发展，更加关注农村可持续发展，更加关注保护和传承农业文明。

一、美丽乡村建设实质

我们可以将美丽乡村建设内容衍生如下：充分考虑当地自然和社会资源，要因地制宜开展规划利用；以农民群众为主体开展美丽乡村建设；加快农村产业发展，促进农村生活和农业生产方式改变，农业和农村并重，农业是农村发展的基础；加强农村基础条件建设，改善农村环境，提升农村管理水平，最终实现农民生活质量提升，农村经济环境、社会环境和生态环境协调发展。

从实质上来讲，美丽乡村建设是一个系统工程，是农村、农业和农民的同步发展，是经济、政策、环境和文化举措的复合性作用和"五位一体"的具体体现。

以发展的眼光看问题，乡村发展是一个长期进化过程，可能萧条也可能繁荣，也可能不断地优化最终符合社会发展需求和农民自身要求，这个进化过程只不过是时间长短的问题。因此，可以将美丽乡村预设成我国乡村发展的终极目标，那么需要对这个终极目标进行合理评估，判别是否符合社会发展需求和农民自身要求。而美丽乡村建设是为了达到美丽乡村这个终极目标采取的行动方案，是一种乡村发展模式的寻优过程，规避了乡村的无效和无序发展方式，试图以最小的资源损耗在短期内达到美丽乡村目标，实现乡村发展增效提速。具体一个美丽乡村建设方案是否合理，可以利用美丽乡村的要求进行评估，判别建设方案和模式是否设计合理以及达到美丽乡村的成功概率等。基于这个逻辑，可以理解为："美丽乡村建设"是一种模式和行动方案，美丽乡村是一种评估标准和方法。

目前，虽然国家有建设美丽乡村的要求，但对规划设计和技术管理人员来说，如何建立美丽乡村评估标准和方法，如何有效开展美丽乡村建设模式和方案设计以及如何评判模式和方案能够在资源和时间成本最低的情况下达到美丽乡村，是需要系统研究的问题。

二、美丽乡村建设意义

（一）美丽乡村建设是一事一议财政奖补转型升级的主攻方向

一事一议财政奖补第一次直接将着眼点放在村级公益事业上，弥补了公共财政对村级基础设施的投入空白，为破解村级公益事业难题提供了一剂良方。各地开展村级公益事业一事一议财政奖补工作以来，大大改善了农村村容村貌和基础设施条件，在一些地方解决了村内道路、小型水利、垃圾处理等农民最迫切、最现实、最急需的公益事业，取得了广大基层干部和农民群众的衷心拥护。

2013 年中央 1 号文件明确提出，要推进农村生态建设、环境保护和综合整治工作，努力建设美丽乡村。据此，中央财政依托一事一议财政奖补政策平台启动了美丽乡村建设试点，在全国选择七个省市重点推进。根据中央要求，海南省选择海口市琼山区、琼海市、澄迈县、儋州市、万宁市、琼中县为全省美丽乡村建设等六个市县区进行自主试点，制定了《海南省美丽乡村建设指导意见》（2014—2020年），对美丽乡村建设进行了整体规划和部署，要求从2014年开始在原确定的海口市琼山区、琼海市、澄迈县、儋州市万宁市、琼中县为全省美丽乡村建设试点基础上，逐步扩大试点范围。2016年，将全省市县（区）纳入美丽乡村建设试点。每个试点市县（区）至少安排一处以上成片打造的美丽乡村片区，建设连通的百里百村生态休闲旅游网60%以上的乡镇开展整乡整镇改善农村人居环境建设，建设100个宜居、宜业、宜游的美丽乡村。2020年，全部乡镇开展整乡整镇改善农村人居环境建设，建设1000个宜居、宜业、宜游的美丽乡村。2015年，海南省人民政府发布《海南省改善农村人居环境实施意见（2015—2020年）》。要求完善村级公益事业"一事一议"奖补机制，调动农民参与农村人居环境建设的积极性。将美丽乡村建设作为今后一事一议财政奖补政策的主攻方向，加大对有产业支撑、适宜认可集聚的传统村落和新型农村社区的投入力度，整治农村综合环境，建设文化墙面，优化农村社会管理，加快建设具有海南热带特点、田园风光、宜居宜业、民富村美的农民幸福美好家园。

（二）美丽乡村建设是实现美丽中国的重要内容，是实现农村生态文明目标的重要举措

党的十八大提出，要把生态文明建设放在突出地位，融入经济建设、政治建设、文化建设、社会建设各方面和全过程，努力建设美丽中国，实现中华民族永续发展。生态文明建设是中国特色社会主义的题中应有之义，关系人民福祉，关乎民族未来。在此基础上所提出的建设美丽中国的发展目标凝聚了生活美、社会美、环境美、时代美、百姓美的生态和谐之美。而美丽中国的奋斗目标在农村的体现和实施就是美丽乡村建设，这是农村生态文明建设的目标和最终归宿。美丽乡村建设中蕴含着深刻的生态意蕴，是以生态现代化全新建构建出一条现代化与环境友好、协调、和谐之路，通过生态治理改善村庄人居环境，处理好农村建设中人与自然的关系，从而突破农村生态文明建设中的生态危机瓶颈，并通过生态文明促进农村经济发展、政治民主、社会和谐。

（三）美丽乡村建设是新农村建设的延续和深化，是统筹城乡发展的重要路径

党的十六届五中全会提出了建设社会主义新农村"生产发展、生活宽裕、村容整洁、乡风文明、管理民主"的宗旨思路和目标。可以说，"美丽乡村"建设是升级版的新农村建设，它既秉承和发展新农村建设思路，延续和完善相关的方针政策，又丰富和充实其内涵实质，集中体现在尊重和把握其内在发展规律，更加注重关注生态环境资源的有效利用，更加关注人与自然和谐相处，更加关注农业发展方式转变，更加关注农业功能多样性发展，

更加关注农村可持续发展，更加关注保护和传承农业文明。从另一方面来说，"美丽乡村"之美既体现在自然层面，同时也体现在社会层面。在城镇化快速推进的今天，"美丽乡村"建设对于改造空心村，盘活和重组土地资源，提升农业产业，缩小城乡差距，推进城乡发展一体化也有着重要意义。

（四）美丽乡村建设是解决三农问题的重要抓手，是提高农村居民生活品质的重要手段

美丽乡村建设是人与自然、物质与精神、生产与生活、传统与现代、农村与城市融合在一起的系统工程，不仅涉及生态环境、基础设施等问题，更涉及历史、文化、生产、生活等方方面面，得实惠的不仅是农村和农民，同样为城市建设和城区居民拓展了发展空间与生活空间，也是解决城市发展难题的有效办法。建设美丽乡村是促进农民增收持续改善民生的重要途径。美丽乡村建设一方面通过发挥农村的生态资源、人文积淀、块状经济等优势，积极创造农民就业机会，促进都市农业的转型升级，加快发展农村休闲旅游等第三产业，拓宽农民增收渠道；另一方面，通过完善道路交通、医疗卫生、文化教育、商品流通等基础设施配套，全面改善农村人居环境，着力提升基本公共服务水平，解决农民群众最关心、最直接、最现实的民生问题。

第三节　美丽乡村建设的理念与方向

一、美丽乡村建设理念

党的十八届五中全会明确提出"创新、协调、绿色、开放、共享"五大发展理念，我们应把这五大发展理念贯彻到美丽乡村的全过程、全领域、全空间，进一步丰富建设内涵、拓展建设领域、提升建设水平，努力打造好美丽乡村升级版。

（一）以城乡一体化为导向，培育农村新社区

在农村人口相对集中的大型村庄，通过若干行政村或自然村整合，基础设施和公共服务集中建设，土地集约利用，产业集聚发展，农民集中居住，共享公共服务均等化。随着经济社会的发展，群众对改善居住环境，完善社会保障，丰富精神生活，提高生活品质的要求日趋强烈，但由于现有的行政村规模较小，村民居住凌乱，配套设施不齐全，服务水平跟不上，这就要求必须采取综合措施，着力推进农村新社区建设。

农村普遍居住分散，沿海与山区农村各有独特的生活习惯，加之大部分农业生产区就在居住地周边，集中居住会给生产生活带来很大不便，人居环境改善应以就地整治为宜，要在充分尊重群众意愿的基础上，村部应选址在合理的服务半径之内，以便于群众办事，

条件允许的地区，可考虑流动式便捷服务。

（二）以乡村自然生态环境为基础，培育良好生态品质

与城市相比，乡村的魅力在于良好的自然生态。农民厮守乡土，融入乡土，感受着自然生态的包容与回馈。美丽乡村建设必须尊重这种自然之美充分彰显山清水秀、鸟语花香的田园风光，充分体现人与自然和谐相处的美好画卷。因而，在逐步融入现代文明元素的同时，要通过生态保护措施，营造山清水秀、天蓝地净的优美环境。交通便捷的地区可发展特色旅游，农（牧）家乐，为都市人提供集现代文明、田园风光、乡野风情于一体的休闲娱乐场所。

（三）以地域历史文化为载体，多元化打造特色品牌

多少年来形成的村落空间、建筑风格、乡土人情、村规民约、生活智慧，均是历史文化的沉淀。美丽乡村建设必须注重挖掘历史文化内涵，培育地域特色和个性之美，这样既可以提升和展现乡村的文化品位，也让历史文脉有效传承。

（四）以产业发展为支撑，不断提升群众生活质量

民以食为天，再优美的外部环境，再丰富的精神生活，填不饱肚子都是纸上谈兵。因而，建设美丽乡村，发展特色优势产业，提高群众幸福指数是首要任务。要立足资源禀赋，确立 1～2 个主导产业重点发展，逐步形成有竞争力和市场占有率高的优势产业。不断发展壮大村集体经济，培养群众信得过，懂经营，会管理的领办人勇闯市场，组建专业合作社，整合物质流资金流，信息流等资源，规避市场风险，解除群众从业的后顾之忧。实现一村一景、一村一品，充分彰显魅力乡村。

二、美丽乡村建设方向

围绕规划"科学布局美、村容整洁环境美、创业增收生活美、乡风文明身心美"建设美丽乡村，提升农村人居环境质量，是加快美丽乡村建设的客观要求。但是，在城镇化不断推进的宏观背景下，美丽乡村建设不能仅仅局限于乡村的自我完善，而是应当顺应城乡一体化发展的历史趋势。

（一）美丽乡村建设须顺应城乡一体化的历史趋势

城乡一体化是人类社会发展的必然趋势。人类社会以渔猎社会为起点，逐步向农业社会工业社会和信息社会发展。在农业社会，农业是国民经济的支柱，农民是社会发展的主导力量；在工业社会，工业是国民经济的支柱，产业工人是社会发展的主导力量。由农业社会走向工业社会，农业的地位不断下降，大量农民从土地上解放出来，成为新兴工人阶级的组成部分，农民的数量不断减少，影响力不断减弱。随着工业社会向信息社会发展，制造业不断转型升级，产业工人的数量持续减少，工业的主导地位将慢慢让位于服务业。

目前，国内许多发达地区基本上进入工业化中后期，信息化与工业化开始深度融合互动，真正的职业农民已经很少，更多农民从事的是非农产业，事实上中国的小农经济正在走向历史的终点。

城乡一体化也是解决三农问题的根本途径。长期以来，由于以户籍制度为核心，我国形成了鲜明的城乡二元结构，通过牺牲农业支援工业，牺牲农村支援城市，城乡之间不论是在居民收入，还是在基础设施、社会保障和公共服务方面，都形成了极大的差距，这种差距严重影响着经济效率的提升和社会活力的迸发，影响着社会的和谐与全面小康社会目标的实现。一方面，由于我国农村的分散性，在农村进行基础设施建设和公共产品投入以及建设类似于城市的庞大服务系统，显然不具有现实性和合理性；另一方面，农村人口数量众多，土地资源短缺，报酬递减，不可能依靠农业的发展实现农民的增收致富，只有加快城市化，减少农民，把多数农民从土地上转移出去从事非农产业，才能提高收入水平，实现农业的规模经营，也才能从根本上解决三农问题。

由此可见，不论是人类历史发展的趋势，还是从根本上解决我国的三农问题，都无法回避城乡一体化的问题，美丽乡村建设同样必须正视这一宏观背景。

美丽乡村建设最早源于浙江湖州安吉县。2008 年，安吉县开展了中国美丽乡村建设行动，计划用十年左右时间，把全县每个行政村都建设成为"村村优美，家家创业，人人幸福，处处和谐"的现代化美丽乡村样板，构建全国美丽乡村建设的安吉模式。之后，中共浙江省委省政府决定推广安吉经验，提出实施美丽乡村建设行动计划，美丽乡村建设由此上升为全省性的战略决策。

美丽乡村之美既体现在自然层面，也体现在社会层面，客观地说，对于安吉这样一个山区县而言，地广人稀，山多人少，本身具有良好的生态禀赋，在打造中国竹乡全国首个生态县的基础上，建设美丽乡村，更多的是要在自然美的基础上增添生活美、社会美的因素。但是，美丽乡村建设不能一刀切，要根据社会形势的发展，因地制宜，充分体现时代的气息和自身的特色。在城乡一体化快速发展的宏观背景下，美丽乡村不可能再是陶渊明笔下的世外桃源，更要顾及城乡统筹这一时代要求，探索一种适合乡村建设与农村城市化有效契合的农村新社区模式。

（二）农村新社区是城乡一体化背景下推进美丽乡村建设的重要载体

农村新社区是城乡一体化背景下推进美丽乡村建设的重要载体。农村新社区相对于传统农村社区而言，是指适应城乡一体化发展需要，由若干行政村或自然村整合而成，具有一定人口规模和较为齐全的公共设施组成的公共空间，土地集约利用，产业集聚发展，农民集中居住和基本公共服务均等化是它的重要特征。

由于历史基础发展水平等方面的原因，城乡综合差距仍然存在，这就需要通过推进农村新社区建设以提升农村经济社会发展的水平，实现城乡一体与社会和谐。与此同时，随着经济社会的发展，农民对改善居住环境，完善社会保障，丰富精神生活，协调人际关系，提高生活品质的要求日益强烈，但由于现有的行政村规模过小，村民居住分散，配套设施不全，服务水平不高，环境脏乱差现象严重，很难满足农民的实际需求，这也要求我们必须采取综合措施，推进农村新社区建设。还需要指出的是，在多数经济发达地区，工业建设用地指标已经基本用完，而全国十八亿亩耕地的红线又不能突破，在这种情况下，农村发展二、三产业，建设基础设施，改善生活环境等问题，就需要我们另辟蹊径。而通过归并自然村，改造空心村，盘活和重组土地资源，推进农村新社区建设，显然是一条有效的途径。

由此可见，农村新社区建设不仅是农村自身的发展需要，而且也是缩小城乡差距，实现城乡全面小康目标的重要探索和实践，而且它不可避免地会成为城乡一体化背景下推进美丽乡村建设的重要载体。

总之，城乡一体化是不可阻挡的历史趋势，美丽乡村建设必须顺应这趋势。要因地制宜，采取多种措施，通过几年的扎实努力，使广大农村真正成为生态良好、环境优美、功能完善、特色鲜明、干净整洁、农民生活幸福的新型乡村，以促进农村物质文明、精神文明、政治文明和生态文明的全面进步。

第四节　美丽乡村建设的目标和挑战

一、美丽乡村建设目标

（一）农业部美丽乡村创建目标体系

1. 总体目标

按照生产、生活、生态和谐发展的要求，坚持"科学规划、目标引导试点先行、注重实效"的原则，以政策、人才、科技、组织为支撑，以发展农业生产、改善人居环境、传承生态文化、培育文明新风为途径，构建与资源环境相协调的农村生产生活方式，打造"生态宜居、生产高效、生活美好、人文和谐"的示范典型，形成各具特色的"美丽乡村"发展模式，从而进一步丰富和提升美丽乡村建设内涵，全面推进现代农业发展、生态文明建设和农村社会管理。

2. 分类目标

（1）产业发展

①产业形态。主导产业明晰，产业集中度高，每个乡村有 1～2 个主导产业；当地农民（不含外出务工人员）从主导产业中获得的收入占总收入的 80% 以上；形成从生产、贮运、加工到流通的产业链条并逐步拓展延伸；产业发展和农民收入增速在本县域处于领先水平；注重培育和推广"三品标"，无农产品质量安全事故。

②生产方式。按照"增产增效并重、良种良法配套、农机农艺结合、生产生态协调"的要求，稳步推进农业技术集成化、劳动过程机械化、生产经营信息化，实现农业基础设施配套完善，标准化生产技术普及率达到90%；土地等自然资源适度规模经营稳步推进；适宜机械化操作的地区（或产业）机械化综合作业率达到90%以上。

③资源利用。资源利用集约高效，农业废弃物循环利用，土地产出率、农业水资源利用率、农药化肥利用率和农膜回收率高于本县域平均水平；秸秆综合利用率达到95%以上，农业投入品包装回收率达到95%以上，人畜粪便处理利用率达到95%以上，病死畜禽无害化处理率达到100%。

④经营服务。新型农业经营主体逐步成为生产经营活动的骨干力量；新型农业社会化服务体系比较健全，农民合作社、专业服务公司、专业技术协会、涉农企业等经营性服务组织作用日益明显；农业生产经营活动所需的政策、农资、科技、金融、市场信息等服务到位。

（2）生活舒适

①经济宽裕。集体经济条件良好，一村一品或一镇一业发展良好，农民收入水平在本县域内高于平均水平，改善生产、生活的愿望强烈且具备一定的投入能力。

②生活环境。农村公共基础设施完善、布局合理、功能配套，乡村景观设计科学，村容村貌整洁有序，河塘沟渠得到综合治理；生产生活实现分区，主要道路硬化；人畜饮水设施完善、安全达标；生活垃圾、污水处理利用设施完善，处理利用率达到95%以上。

③居住条件。住宅美观舒适，大力推广应用农村节能建筑；清洁能源普及，农村沼气、太阳能、小风电、微水电等可再生能源在适宜地区得到普遍推广应用；省柴节煤炉灶炕等生活节能产品广泛使用；环境卫生设施配套，改厨、改厕全面完成。

④综合服务。交通出行便利快捷，商业服务能充分满足村民的日常生活需要，用水、用电、用气和通信等生活服务设施齐全，维护到位，村民满意度高。

（3）民生和谐

①权益维护。创新集体经济有效发展形式，增强集体经济组织实力和服务能力，保障农民土地承包经营权、宅基地使用权和集体经济收益分配权等财产性权利。

②安全保障。遵纪守法形成风气，社会治安良好有序；无刑事犯罪和群体性事件，无生产和火灾安全隐患，防灾减灾措施到位，居民安全感强。

③基础教育。教育设施齐全，义务教育普及，适龄儿童入学率100%，学前教育能满足需求。

④医疗养老。新型农村合作医疗普及，农村卫生医疗设施健全，基本卫生服务到位；养老保险全覆盖，老弱病残贫等得到妥善救济和安置，农民无后顾之忧。

（4）文化传承

①乡风民俗。民风朴实、文明和谐，崇尚科学、反对迷信，明理诚信、尊老爱幼、勤劳节俭、奉献社会。

②农耕文化。传统建筑、民族服饰、农民艺术、民间传说、农谚民谣、生产生活习俗、农业文化遗产得到有效保护和传承。

③文体活动。文化体育活动经常性开展，有计划、有投入、有组织、有设施，群众参与度高、幸福感强。

④乡村休闲。自然景观和人文景点等旅游资源得到保护性挖掘，民间传统手工艺得到发扬光大，特色饮食得到传承和发展，农家乐等乡村旅游和休闲娱乐得到健康发展。

（5）支撑保障

①规划编制。试点乡村要按照"美丽乡村"创建工作总体要求，在当地政府指导下，根据自身特点和实际需要，编制详细、明确、可行的建设规划，在产业发展、村庄整治、农民素质、文化建设等方面明确相应的目标和措施。

②组织建设。基层组织健全、班子团结、领导有力，基层党组织的战斗堡垒作用和党员先锋模范作用充分发挥；土地承包管理、集体资产管理、农民负担管理、公益事业建设和村务公开、民主选举等制度得到有效落实。

③科技支撑。农业生产、农村生活的新技术、新成果得到广泛应用，公益性农技推广服务到位，村有农民技术员和科技示范户，农民学科技、用科技的热情高。

④职业培训。新型农民培训全覆盖，培育一批种养大户、家庭农场、农民专业合作社、农业产业化龙头企业等新型农业生产经营主体，农民科学文化素养得到有效提升。

（二）党的十八大关于美丽乡村的建设目标

建设美丽乡村要以改善民生为目标，以农民幸福为宗旨。党的十八大明确提出实现民族复兴的伟大梦想和建设"美丽中国"的战略任务。实现民族复兴的中国梦，重点在农村；建设美丽中国，重点也在农村。建设美丽乡村是党中央作出的重大决策部署，我们要以"全面建成小康社会、全面深化改革、全面依法治国、全面从严治党"战略布局为统领，紧紧围绕全面建成小康社会战略目标，认真贯彻习近平总书记关于美丽乡村建设的重要论述精神，按照中央要求，把更多的政策、资源、财力向农村倾斜，着力改善农村基础设施、生活环境、文化氛围和公共服务，将美丽乡村建设作为改变农村面貌的一件大事、改善农民生活的一件实事，以城乡发展体化为导向，以"百村示范千村达标"活动为载体，努力建设规划布局合理、基础设施完善、环境生态优良、公共服务均等、特色鲜明的美丽乡村，用成千上万个美丽乡村共筑美丽中国，使中国广大农民共享现代文明、过上更加幸福美好的生活。

二、美丽乡村建设面临的挑战

（一）统筹城乡发展与二元结构矛盾凸显

随着我国城镇化进程的加快，城乡二元矛盾日益突出。李克强总理在 2014 年政府工作报告中明确指出，城镇化是现代化的必由之路，是破除城乡二元结构的重要依托。推进以人为核心的新型城镇化、着重解决"三个1亿人"的问题，即促进约1亿农业转移人口落户城镇、改造约1亿人居住的城镇棚户区和城中村、引导约1亿人在中西部地区就近城镇化。美丽乡村建设是新型城镇化的基础，推进美丽乡村建设，能够带动投资、扩大消费、促进发展、造福农民群体，能够最大限度地保护城镇和乡村的自然、历史和文化风貌。

目前我国美丽乡村建设面临"四个难以为继"的难题：一是传统工业化进程中资源高消耗、低产出、重污染的发展方式难以为继；二是二元结构体制下的城乡分离、人地分离的城乡关系难以为继；三是快速城镇化背景下重城轻乡、乡村日渐衰落的农村价值难以为继；四是土地非农化过程中低征高卖、失地农民以及农民工"城乡双漂"的民生权益难以为继。日渐衰败的农村主要表现为农村人口外流、耕地撂荒、农村产业衰退、文化衰落、环境污染日益严重。因此，在新型城镇化建设过程中要破除"重城轻村"的观念，坚持城乡并举、统筹推进、协调发展。

（二）"乡村病"何以根治

我国城市建设用地的快速扩张，不仅导致人口膨胀、交通拥堵、环境恶化等为人熟知的"城市病"，也引发了村庄废弃化、"空心化"等严重的"乡村病"。中国的"乡村病"，主要根植于以下"四化"的演变过程，并伴随着这些过程的演化而加重。一是农业生产要素高速非农化。快速城镇化耕地流失造成的数千万失地农民、"离村进城"的数亿农民工以及上学靠贷款、毕业即待业的数百万农家学子组成的"新三农"群体，大多处于"城乡双漂"，难以安居乐业，正成为社会稳定与安全的焦点；二是农民社会主体过快老弱化。我国农村进入少子老龄化时期，农村青壮劳力过速非农化，加剧了留守老人、留守妇女、留守儿童问题。一些乡村文化衰退、产业衰落，"三留人口"难以支撑现代农业与美丽乡村建设。有地无人耕、良田被撂荒成为普遍现象；三是农村建设用地日益空废化。农村人走地不动、建新不拆旧、不占白不占，导致空心村问题日益突出，这突出也反映了我国农村土地制度安排的不足；四是农村水土环境严重污损化。大城市近郊的一些农村成为藏污纳垢之地，面源污染严重，致使河流与农田污染事件频发，一些地方"癌症村"涌现，已经危及百姓健康甚至生命。从历史视野来看，"乡村病"因快速城镇化而引发，也必将由新型城镇化来根治。当前，尤其需要正视问题，周密谋划，做好顶层设计，明确根治策略。应对城乡转型挑战，根治"乡村病"，成为新型城镇化和美丽乡村建设亟待探索解决的新课题。

（三）农村污染亟待治理

在快速城镇化和工业化进程中，随着社会经济的转型、区域要素重组与产业重构，特别是乡村要素非农化带来的资源损耗、环境污染、人居环境质量恶化等问题日益凸显。农村发展具有不可持续性。目前，在我国广大农村地区，农村点源污染与面源污染共存、生活污染与工业污染叠加、城市和工业污染加速向农村转移，农村环境保护基础薄弱。农村人居环境质量普遍较差，垃圾、污水处理问题亟待解决。

2011年环保部发布的《中国环境状况公报》指出，我国农村环境形势依然严峻，农村和农业污染物排放量大，部分地区农村生活污染加剧，畜禽养殖污染严重，工业和城市污染向农村转移，农村环境质量进一步恶化。据2010年《第一次全国污染源普查》报告显示，我国农村污染物排放量约占全国总量的50%，其中，COD、TN、TP排放量分别占43%、57%和67%。据测算，全国农村每年产生生活污水约90亿吨，生活垃圾约2.8亿吨，人粪约2.6亿吨，其中大部分未经处理随意排放，导致村镇环境质量下降。据统计，2013年我国农村垃圾集中处理率仅占50.6%，近一半农村地区垃圾自然堆放，造成垃圾围村；农村污水处理率低，约88%的生活污水未经集中处理随意排放。农村地区化肥、农药的粗放低效利用，导致农业生产非点源污染严重。

据2014年国家发布的《全国土壤污染状况调查公报》和《全国耕地质量等级情况公报》显示，全国土壤点位污染超标率达19.4%，耕地退化面积超过耕地总面积的40%；在区域上，我国南方土壤污染重于北方，长三角、珠三角和东北老工业基地等部分地区土壤污染问题较为突出，西南、中南地区土壤重金属超标范围较大，镉、汞、砷、铅四种重金属含量呈现出从西北向东南、从东北到西南方向逐渐升高的态势。这些问题严重威胁着广大群众的健康和社会的稳定，制约了农村经济社会的可持续发展。据中国疾病预防控制中心和中科院对淮河流域癌症高发地调查研究发现，淮河流域沿河、近水区癌症高发，且与劣质水体密切相关。据不完全统计，2011年底我国累积"癌症村"总数为351个，1980年以来"癌症村"个数持续增加，重心自东北向西南移动；2000年以来"癌症村"呈聚集型分布，东部多于中部和西部；农村地区癌症死亡率上升速度明显高于城市。随着城镇化发展和产业结构转型，我国工业污染问题呈现由城市向农村、由局部向整个流域、由东部向中西部地区转移的趋势。如果农村环境污染得不到有效治理，伴随地区性资源高消耗、环境重污染所造成的灾难和危害便会不断升级，特别是饮用水和食物的长期重度污染，"癌症村"悲剧可能还会发生。农村是社会和谐的基石，建设美丽乡村，践行生态文明，亟需推进农村环境污染综合治理、彻底改变农村环境整治的"三无"（无人管、无法管、无钱管）局面。

四、农村基础设施亟需完善

美丽乡村建设不仅关注乡村环境，同时要注重农村的产业发展、农民增收以及公共服务和基础设施保障。农村基础设施建设是发展现代农业、建设美丽乡村的重要物质基础。资金短缺是农村基础设施建设的重要制约因素之一。我国政府财政支农资金是农村基础设施建设的主要资金来源，但政府资金投入交易成本高，严重影响了财政支农的政策效应。当前我国农村基础设施建设存在资金投入不足、布局不合理等问题。农村基础设施建设区域差异明显，东部地区农村基础设施建设较为完善，而西部地区基础设施建设相对滞后。

农村基础设施建设滞后主要归因于以下几点：

（1）"重城轻乡、重工轻农"的发展模式。改革开放前，我国实施了"重城轻乡、重工轻农"的发展战略，采取"多取少予"的农村和农业发展政策，加之受城乡二元结构的影响，农村基础设施建设所获资金支持有限，农村公共产品供给很大程度上属于"自给自足型"，城乡基础设施差距悬殊；近年来，尽管国家加大了对农村公共基础设施建设的投入力度，但由于历史欠账较多、底子薄，当前农村公共基础设施供给能力尚不能满足广大农民生产生活和美丽乡村建设的需要。

（2）投资体制不合理，投资渠道窄、建设资金不足。据统计，全社会人均固定资产投资额城镇是农村的 6.89 倍，财政预算内投资城乡差距超过 10 倍，农村基础设施建设面临严重的资金投入不足。

（3）管理机制不健全。由于大部分村镇建设缺乏统一规划和统筹协调，导致农村生活基础设施分散或重复建设，从而影响农村环境的有效治理。因此，完善农村基础设施亟需建立均衡的、城乡一体化的基础设施供给制度，建立自下而上的农村基础设施决策机制，实现农村基础设施供给主体和资金渠道的多元化。

（五）古村落文化遗产保护与传承

过去 30 多年快速城市化进程中，由于缺乏相关法律法规及管理不到位，城市扩张、乡村城市化辐射严重影响了众多的传统村落、街区、旧街巷、古建筑，历史遗存面临危机。湖南大学中国村落文化研究中心在田野调查中发现，2004 年在长江、黄河流域颇具历史、民族、地域文化和建筑艺术研究价值的传统村落有 9707 个，到 2010 年锐减至 5709 个，平均每年递减 7.3%，每天消亡 1.6 个。根据住房和城乡建设部统计数据，在过去几十年的工业化、城镇化过程中，传统村落大量消失，现存数量仅占全国行政村总数的 1.9%。几千年源远流长的中国农耕文化的根在农村，传统村落的消失意味着中国传统农耕文化载体的消失。传统古村落传承中华民族的历史记忆、生产生活智慧、文化艺术结晶和民族地域特色，维系中华文明的根，寄托着中华儿女的乡愁。因此，如何在快速城镇化过程中守住乡愁、保护和传承非物质文化遗产亦是美丽乡村建设亟待破解的难题。

第二章 美丽乡村规划设计方法

美丽乡村建设的过程并不是一个一蹴而就的过程，需要长时间的不断探索，所以，在建设过程中就需要遵循一定的方法和原则。

第一节 美丽乡村规划设计的原则

城乡统筹规划主要包括城镇体系的规划、城市规划、镇规划、乡规划与村规划。乡村规划主要是小城镇与城镇之间统筹规划的一个十分重要的组成部分。乡村规划往往都是乡村建设与乡村社会经济得以迅速发展的蓝图，同时也是政府管理、指导乡村建设十分重要的依据，同样，也是切实做好乡村建设首要的保证与努力实现乡村建设可持续发展的有效途径。

美丽乡村规划是一个涉及面广，涉及具体因素众多的复杂而系统的庞大工程，不仅要充分考虑统筹城乡发展的一体化，还需要考虑村镇的各行各业全面发展，更为重要的一点是要做到全面的考虑，其中包括村镇长远发展的远大目标。

美丽乡村的科学规划，必须要遵循下列几方面的原则：

一、规划先行原则

做好美丽乡村的建设最为关键的一步就是要能够搞好科学的规划。做到规划先行，才能决定美丽乡村建设发展的根本方向，同时也是美丽乡村建设得以实施的"大纲"。

规划先行，一定要坚持近期发展和中远期发展相结合的结构布局，以便能够适应美丽乡村在每个不同的时期建设与发展的需要。

规划先行，规划内容需要做到全面，不但是乡村建设规划方面的单一规划，同时也需要涉及未来快速发展、产业规划以及文化规划等多个内容。

规划先行，实际上就是决定该造就造、该改就改的方式，该复原的一定复原，绝不可以实行一刀切的方案。

规划先行，最为重要的就在于其可操作性、可实施性。及时建设好一大批配套齐全、设施完善，具有典型区域性特色与乡村特色的美丽乡村与新小区。

二、城乡统筹规划，促进农民增收原则

科学实施规划还需要着眼于城乡统筹发展，切实做到美丽乡村建设和城乡发展之间的相互协调，形成一种城乡发展一体化的"复合系统"，进一步促进长期稳定的从事一、二、三产业的乡村人口朝着城镇发展转移，合理而有效地促进城市文明朝着乡村不断地发展和延伸，营造出一种各具典型特色的城镇和乡村的发展格局，以便利于推动城乡间的协调同步发展。

乡村规划主要是工业化、城市化发展内涵的扩展与进一步延伸。美丽乡村的科学规划主要体现于城乡"一盘棋"，统筹兼顾、相互依存、相互融合。

三、因地制宜、保护耕地、节约集约用地原则

在进行村镇规划的层面上，需要根据每一个地方的不同条件，作出科学的内容编制，重点体现出以人为本和可持续发展的设计思想；还应该根据不同的区域、不同地区的条件、不同地区的经济社会发展水平来编制多种类型的规划标准。条件相对比较好的地区还应高起点作出相关的规划建设。规划编制不可以脱离当地客观的实际发展情况，需要很好地结合当地的自然条件、经济水平、产业基本特征，正确地处理好近期的建设和长远的发展目标之间相互适应、相互协调的关系，切实做到对各项建设的基本项目作出合理的规划。

土地资源一般情况下都属于一种完全不可复制的自然资源。土地的使用也是农民赖以生存和发展的重要基础，一定要作出合理的布局，乡村中的各种类型的建设用地，都应该努力坚持走节约、集约化发展的建设之路。需要充分发挥土地的利用与村庄内的总体规划设计相互协调统筹的作用，以能够尽最大可能地保护耕地为基本前提，节约集约利用土地作为核心，做到建设的总体规划和土地利用之间的总体规划以及土地开发复垦专项计划的有机的结合。

四、保护乡村文化，注重乡村特色

每一个乡村的发展历史、文化遗产等，都是人类祖先留下来的十分珍贵的人文和自然资源财富。多样化发展历史的文化遗产往往都能够非常充分地体现出人民群众强大的生命力和创造力，属于典型的智慧结晶、文明瑰宝。

乡村的历史文化具有多样性，有民俗风情、传说故事、古建遗风、名人传记、村规民约、家族族谱、传统技艺等形式。乡村往往也会有比较丰富的历史文化信息，都属于民间传统文化发展过程最为精髓的组成部分，一定要一代代地传承。

村庄内的自然生态、地形地貌、自然肌理通常都属于永远不可复制的一种重要资源形态，一旦遭到人为的破坏，就会永远地失去。

正是因为这一原因，美丽乡村的规划建设往往都非常注重保护好村庄的原有自然生态、

自然肌理、地形地貌；较好地去保护乡村之中的各种历史文化遗产，提出十分有效的自然保护环境措施。

注重保护好村庄中的原有人文艺术特征；注重现代农业、工业的内容对于各个乡村的历史文化产生的影响；注重乡村的生态环境改善，进一步提高乡村的环境质量；突出现代乡村的民情和地方特色；保护村庄典型的自然和人文风貌，打造出一个比较富有艺术特色的品牌。防止破坏原有的历史文化，避免村村寨寨千篇一律，布局雷同。

五、资源整合，完善配套设施，适度超前

美丽乡村的规划建设并不是一句空话，更非粗制滥造，也不是一阵子的口号运动，需要具有极高的责任理念与责任感。规划的编制需要具备科学性、前瞻性。最为重要的方法就是要对资源加以整合，这些资源包括静态的和动态的。如山、水、地、历史文化、村落的特征、建筑的风格以及建筑的布局等多个方面，同时还包括经济的发展水平、产业发展的主导方向、地域民俗文化发展存在的差异等。进行有效的资源组合，将各种各样的资源都充分融合在规划之中，使规划不仅具有共性，还要有比较独特的个性，更具有可操作性。

规划需要体现出为以下"四美"：

（1）尊重自然之美，抓自然布局，建设生态环境的典型特色，融入自然的景色，不能搞大拆大建，避免出现不伦不类的规划。

（2）充分显示出现代之美，将现代的生产放在首要位置，将生活富裕当作现代美丽乡村建设的重要前提，融入现代文明，充分体现出全方位的新发展理念。

（3）彰显出个性之美，做到因地制宜，因势利导，因村而异，因环境而异，进行分类指导，分层加以推进，分步实施。按照产业的基本特点、村容村貌、生活特色、人本文化等进行适当分类，错位建设，体现差异化、多样化；少追求洋气阔气，体现本乡本土气息，不搞一刀切，千篇一律；做到移步异景，看景辨村，彰显一村一品、一村一景，给人以"十里皆风景，人在景中游"的感觉，以达到雅俗共赏的目标。

（4）构建环境的整体之美，依山托水，灵活用山，科学组织自然资源，文化资源；综合考虑山、水、田、路、屋、净、乐的协调统一；合中有分，分中有合，既有个性，又有共性，创造出完整统又各具特点的整体美效果。

规划不能仅仅停留于现在这个阶段，还需要更多地从未来发展的角度进行考虑，要具有很好的前瞻性，为后续的发展留下充足的空间和余地，以便能够适应并充分满足乡村未来经济发展的基本需要。努力增强并进一步完善配套的设施，考虑未来的发展与更新的基本因素。规划还需要处理好近期建设和远期发展、改造和新建之间的关系，使美丽乡村的建设发展规模、建设速度以及建设的标准可以和经济建设的发展相适应，和乡村的生活水平提高相适应。根据城乡居民生活同质化、公共设施以及基础设施均等化发展的目标，结合各个区域的经济社会发展相应的需求与要求，合理地布局基本的公共服务、基础配套以

及公共安全等多项公共设施。

六、生态保护、可持续发展和各要素协同原则

科学规划的重点就在于保护好生态环境，尊重基本的自然规律，将美丽乡村的规划建设过程和生态环境保护之间紧密结合，以保护好生态环境发展为首要任务。做到因地制规，因生态环境保护制规。规划同时还应该做到坚持生态环境优先，很好地体现出科学发展观。依据人与自然和谐共生的要求，遵循自然发展规律，充分展示出乡村生态发展的主要特色，做到统筹推进乡村生态人居、生态环境、生态经济以及生态文化的全面建设。

科学合理地进行规划引导，才能有利于各种自然资源、生态自然环境、生物多样性、文化多元化以及本土性的保护，以更加全面实现各种资源的持续利用作为可持续发展的主要目标。

第二节　美丽乡村规划的模式

建设现代美丽乡村，是当前世界上任何一个国家或者地区通过传统社会发展向现代社会逐渐转型过程中的一个重要阶段发达国家以及我国的一些比较先进的地区现在也已经历了这重要的历史阶段，并且还取得了非常好的成就，同样也积累了非常丰富的历史经验，只有对其作出总结与分析，才能够在美丽乡村建设过程中少走弯路。

费孝通也曾经提出了"模式"的基本概念，即"在一定地区，特定历史条件下，具有特色的发展路子"。乡村发展的模式最终都要体现于地域层面，也就是在特定的自然、经济条件之中，因为产业结构、技术构成、生产强度、要素组合等多个类型之间存在的不同，进一步形成比较特殊的地区经济发展模式。

一、国外美丽乡村建设的模式

发达国家在城市化的初期，因为城市的迅速扩张而导致城乡发展的不平衡，从而产生一系列的问题，如农村劳动力逐渐老化、农村景观丧失。之后，发达国家迅速进入一个重要的调整阶段，乡村建设发展逐渐受到政府的重视。

（一）韩国"新农村运动"模式

韩国位于朝鲜半岛的南部，国土面积只有 9.92 万平方千米，并且耕地只占国土面积的约 22%，平均每一户有一公顷多，人口密度每平方千米大约为 480 人。20 世纪 60 年代，韩国在国内迅速推动了现代城市化发展，导致城乡之间发展的严重不平衡，农村问题异常突出。农民的收入非常低，甚至有 80% 的农民基本的温饱问题都没有得到有效解决，农

民意识也出现了消极懒惰的状况。在这样的历史背景之下，时任总统的朴正熙提出了以农民、相关机构、指导者间合作作为主要前提的"新村培养运动"的倡议，随后则称之为"新农村运动"。通过 10 年的不懈努力，韩国的农村终于改变了落后的面貌。

1. 主要内容及实施

韩国的"新农村运动"主要内容有三方面内容：一是改善农民的居住环境。韩国政府主要是以实验的性质提出来对基础环境加以改善的十大事业，也就是进一步实施修缮围墙、挖井引水、改良屋顶、架设桥梁以及整治溪流等多方面的措施，改变农村的基本面貌；二是进一步增加农民的收入。通过耕地的整治、河流的整理、道路的修建、改善农业的基本生活条件；新建新乡村工厂，吸纳当地的农民特别是农村妇女就业，大量增加农业之外的收入；三是发展公益事业。大力修建乡村会馆，为村民们提供可以经常使用的公用设施与活动场所。

2. 主要成效与问题

经过长达三十多年的不断努力，韩国的"新农村运动"发展也取得了很大的成功，农村的公共设施建设以及农业的生产条件都获得了非常明显的加强，乡村的环境以及面貌也都得到了显著的改善，并且还在增加农民的所得方面取得了非常惊人的成效，国民收入由原来的人均 85 美元，已经跃升到 2004 年时的人均 14000 美元；城乡的收入比也进一步缩小到了 1.06：1，世界领先。农村的人口由原来的接近 70% 减少为现在的 7%。"新农村运动"一词也已经被列入《大不列颠》大辞典中，被世界公认为"汉江奇迹"。

（二）德国的"村庄更新"模式

德国开展的"村庄更新"模式的一个非常重要的内容就是：对老的建筑物加以修缮、改造、保护与加固；改善与增加村内的公共基础设施；对一些闲置的旧房屋实施修缮与改造；对山区以及一些低洼易涝的地区增设防洪的基本设施；修建人行道、步行区，改善村内的基本交通情况。

德国的村庄更新也具有一定的程序。首先，当地的村民提出来对村庄进行改造的申请之后，需要通过当地政府审核；审核通过之后才可以展开改造工程建设；其次，在确认好申请的相关事情之后，具有一定的可行性和必要性建设计划，需要将申请的村庄纳入到更新的计划中去；最后，由土地所有者们组成一个合适的团体，而且还需要专门聘用相应的规划师和建筑师，在对村落的基础资料作出非常详细的研究基础上进行有效的设计加工，其中主要包括对人文条件资料以及自然条件资料的规划和审核。因此，德国的村落更新计划之中所采取的措施，重点依赖当地村民的积极参与和政府大力的支援，不仅建立在十分科学严谨的调查和分析的基础上，同时还进一步吸取广大村民的宝贵意见，因此十分方便操作和实施。

二、国内美丽乡村建设的模式

对于美丽乡村建设的模式，国内还没有一个比较统一的界定。一些地方主要是针对本地的实际，针对美丽乡村建设概念的理解也存在差异，所以，探索出了不同的风格模式和建设实践模式。

（一）安吉模式

浙江省安吉县是美丽乡村建设探索的成功例子。安吉县为典型山区县，在经历了工业污染的痛苦之后，该县最终下决心治理，在 1998 年放弃既定的工业立县道路，并且还在2001 年提出了生态立县发展的未来战略。安吉县计划利用 10 年的时间，通过"产业提升、环境提升、素质提升、服务提升"，努力将全县打造成为一个"村村优美、家家创业、处处和谐、人人幸福"的美丽乡村。

从 2003 年开始，安吉县就通过"两双工程"（双十村标范，双百村整治）以及美丽乡村的创建，极大地改善了社会的经济发展面貌，同时还拥有了"全国首个国家生态县""中国竹地板之都""中国人居环境范例奖""长三角地区最具投资价值县市（特别奖）"等多个荣誉称号。

安吉县的美丽乡村建设设定的基本定位主要是：立足县域抓提升，着眼于全省建设试点，面向全国作出示范，明确"政府主导、农民主体、政策推动、机制创新"的基本工作导向，逐步推进创建工作。安吉模式的成功为我们提供的一个十分重要的经验就是要突出生态建设、绿色发展。

（二）高淳模式

江苏省南京市的高淳区，针对美丽乡村的建设主要是以打造"长江之滨最美丽的乡村"为最终发展目标，以"村强民富生活美、村容整洁环境美、村风文明和谐美"作为主要的建设内容。

1. 鼓励发展农村特色产业

鼓励特色产业发展，使农村达到村强民富的生活美目标。高淳县把"一村一品、一村一业、一村一景"定位成基本的工作思路，针对村庄的产业与生活环境作出比较个性化的塑造以及特色化的提升，逐渐形成了古村保护型、生态田园型、山水风光型、休闲旅游型等多种发展特色、多种形态的美丽乡村建设情形，基本上实现了村庄的公园化。与此同时，通过跨区域的联合开发整合现有土地资源、以股份制的形式合作开发等，大力实施深加工联营、产供销共建、种养植一体等多种产业化的项目；深入群众开展村企结对等多项活动，建设一大批高效农业、商贸服务业、特色旅游业项目，使农民可以就地就近创业，以便解决就业问题，增加农民收入。

2. 努力改善农村环境面貌

通过改善农村环境，实现村容整洁的环境美发展目标。同时以"绿色、生态、人文、宜居"为主要基调，高淳区从2010年之后就集中开展了"靓村、清水、丰田、畅路、绿林"五位一体的美丽乡村建设活动。与此同时，结合美丽乡村的基本建设，扎实开展动迁、拆违、治乱、整破等专项行动，城乡的环境面貌得以根本优化。

3. 建立健全农村公共服务

通过对农村公共服务的改善，达到了村风文明和谐美的主要发展目标。高淳县重点完善公共服务发展体系的建设，深入推进现代农村社区服务中心以及综合用房的建设，深入开展各种形式的乡风文明建设活动，推动现代农民生活发展方式朝着科学、文明、健康方向不断前进、提升。

三、当前美丽乡村建设的有效模式

原农业部启动了"美丽乡村"创建工作之后，从2013年11月开始，全国已经有多达1100个乡村被正式确定为"美丽乡村"创建的试点区，基于这1100个村的不同特征，按照不同类型地区的自然资源所具有的禀赋、社会经济的发展水平、产业发展的主要特点及民俗文化的传承差异，坚持做到因地制宜、分类指导的基本原则，美丽乡村的创建内容也得以因村施策、各有侧重、突出重点、整体推进。根据美丽乡村的创建重点与相关目标，主要分成下列几种主要的模式：

（一）产业发展型模式

这一模式主要集中在东部沿海等一些经济相对较为发达的地区，其主要的特点表现为产业优势与特色十分明显。

典型的案例就是江苏省张家港市的南丰镇永联村，曾经被评为"江苏最穷、最小的村庄"。即便是这样一个小村庄，却创造出了一个快速发展的奇迹：现有的集体总资产多达三百五十余亿元，村办企业永钢集团也已经实现了销售额380亿元的规模，利税高达23亿元，村民的年人均纯收入为28766元，经济的综合实力一跃位居全国行政村的前三名。

以企带村的集体经济实力强，永联村的实践证明，村集体只有有了经济实力，才能够为新农村的建设"加油扩能"。最近10年来，永联村在建设过程中累计投入多达数亿元。村中的基础设施以及社会公共事业建设也都获得了快速的发展。村里的投资达到十多亿元，建设了小学、幼儿园、医院、商业街等配套工程。

随着集体经济实力的壮大，永联村不断以工业反哺农业，强化农业产业化经营。2000年，村里投巨资成立了"永联苗木公司"，将全村4700亩可耕地全部实行流转，对土地进行集约化经营。这一举措，被永联村民称作"富民福民工程"，并获得了巨大的经济和社会效益。

（二）生态保护型模式

生态保护型的美丽乡村模式建设，重点是要体现在生态优美、环境污染少的地区，其主要的特点就是自然条件非常优越，水资源与森林资源十分丰富，具有传统的田园风光与乡村典型特色，生态环境优势十分明显，将生态环境的优势变成经济优势的潜力非常巨大，适宜发展生态旅游。

浙江省安吉县的山川乡高家堂村地处环境优美的山川乡境内，全村的区域面积达到七平方公里，其中，山林面积 9729 亩，水田面积 386 亩，是一个竹林资源十分丰富、自然环境保护非常好的浙北山区村，区位优势十分明显，东邻余杭，南界临安。高家堂村的自然环境十分优美，该村充分利用这一典型的特色，发展生态旅游，同时进行正确的规划和建设指导。

高家堂村的发展特色重点有下列三个基本方面：

1. 科学规划，合理布局

高家堂村主要是以休闲经济发展为主线，注重经济的发展规划，聘请相关专家进行总体规划，由设计院进行专门的设计，完成了高家堂村庄的相关建设规划，将村现有的产业通过其节点加以串联，从而形成"一园一谷一湖一街一中心"的村休闲产业带，当前已经逐渐建设完成了七星谷、水墨农庄、环湖观光带等多处建设，东篱农业观光园、竹烟雨溪接待中心等项目也正在积极地建设过程中。

2. 生态产业，特色明显

高家堂村自始至终都将创建当作加快经济迅速发展、带动村民快速致富的重要落脚点，依据当地的实际情况，突出发展林业产业与生态休闲农业产业。

高家堂村的建设还以仙龙湖水库作为主要的辐射点，向周边进行扩散。近年来，省内外的游客接待率持续上升，使该村逐渐走上了一条融休闲、度假、观光、娱乐为一体的村庄可持续发展的经营道路。

3. 乡风文明，村容整洁

高家堂村十分注重生态文明建设，这里的民风格外淳朴，村民也都安居乐业。全村非常积极地保护现代生态环境，保持生态环境的原貌，实行卫生保洁等多种发展长效精细化管理机制，进一步提升了环境的质量。村中还建设了阿科蔓污水处理池以及湿地污水处理池，对全村的农户生产生活污水作出集中的处理，以便达到排放标准。

此外，村民们还积极自主学习舞蹈表演，在每天的傍晚都会自发地进行排舞等多种娱乐活动，进一步活跃了农村的业余文化生活。

（三）文化传承型模式

文化传承型的美丽乡村建设模式，主要是在具有非常特殊的人文景观的地区，其中还包括古村落、古建筑、古民居和传统文化发展的各个地区，其主要的特点就是乡村文化的资源十分丰富，具有非常优秀的民俗文化和非物质文化，文化展示与传承的潜力非常大。

典型的案例就是河南省洛阳市孟津县平乐镇的平乐村。平乐村从东汉明帝永平五年（公元62年）开始，为了迎接西域入贡的飞廉、铜马筑平乐观而得名，一直到现在，久负盛名，被誉为物华天宝，人杰地灵的圣地，向来就有"金平乐""小洛阳"的美称。平乐村坐落在平乐镇的南部地区，南邻洛阳著名景点白马寺，距离洛阳市12km，交通非常便利，地理位置十分优越，而且历史非常悠久，文化底蕴十分深厚，素有"书画之村"的美称。

平乐村作为牡丹画的重要生产基地，被誉为"农民牡丹画创作第一村"。孟津县充分利用了当前洛阳牡丹的重要影响力，张扬自身的重要优势，明确未来的发展目标，采取多种措施，拓展销售渠道，将平乐村打造成为中国牡丹画产业的重要发展中心，建成全国最大的生产销售牡丹画加工基地，实现了平乐牡丹画经济发展效益与社会效益的双丰收。

他们的做法有下列几个方面：

1. 加强领导，成立协会

为保证平乐牡丹画产业工作的顺利实施，平乐镇成立了重点发展牡丹画产业的专门领导小组，同时还成立了平乐镇牡丹书画院，采用协会的形式作出了统一的管理，将大家的牡丹画创作和市场的相关需要进行了有机结合。

2. 加强宣传，举办画展

加大宣传力度，营造牡丹文化的热烈氛围，在进村的路口到平乐中心街的道路两侧刷上绘制宣传标语以及牡丹图案，在牡丹画的商贸城中间也设置了一些大型的宣传广告牌。围绕牡丹画的市场策划进行了多种多样的宣传活动，吸引了大量新闻媒体进行采访，加强了对外的大力宣传，提高了平乐镇的知名度。充分利用现代互联网资源，开辟出平乐牡丹画的宣传专栏。每年的洛阳牡丹花会时期都会举办一次平乐牡丹书画展以及牡丹产品的博览会，并且还会邀请市、县美协等各方面的专业人员参与评选"优秀牡丹画师""牡丹画新秀"各10名，不仅扩大了平乐牡丹画的影响力，还极大地提升了其市场的占有率。

3. 加强培训，壮大队伍

组织并加强书画艺术创作的普及工作，制定出完备的人才培训计划，对书画从业人员作出定期的培训，极大地提高从业者的绘画技能，培养书画创作的后继人才。充分发挥出了平乐牡丹书画院在创作过程中的组织引导作用，聘请了全镇最为优秀的画家举办牡丹画的培训班，每年都由书画院举办三四场牡丹画专门培训班，培训的人次每年有150～200人，充分发挥了当代现有画家"传、帮、带"的作用，每名画家在每年都会帮带多达10～15名的新学员。加强牡丹画创作的梯队建设，引导全镇中小学校增设牡丹画法、画技方面的内容，各中小学也积极地创造有利条件，加强相关师资力量的建设。

4. 加强引导，资金扶持

镇政府每年都会设立专项的培训资金，培养出了一大批可以拓展市场的牡丹画销售人员，每年也都会对在牡丹画对外销售过程作出突出贡献的销售能人给予重奖。与此同时，政府还专门组织画家外出进行市场考察，发展写意牡丹画与工笔牡丹画，进一步吸引了更多群众参与牡丹花的创作。

（四）休闲旅游模式

休闲旅游型的美丽乡村规划设计模式，重点是在一些比较适宜发展乡村旅游的区域，其主要的特点就是旅游资源十分丰富，住宿、餐饮、休闲娱乐的基础设施十分完善，交通非常便捷，距离城市通常都比较近，适合城市人在农村进行休闲度假，发展乡村的旅游潜力非常大。

这类模式的发展，最为典型的案例是江西省婺源县江湾镇，该镇地处江西省婺源县的东部，距离婺源县城只有 28km 的路程，属于国家 5A 级旅游景区，是国家级文化和生态旅游景区的重点单位。该镇将旅游产业当作发展的"第一产业""核心产业"进行打造，持续提升旅游的品质，进一步增强了旅游转型升级的步伐，着力构建融观光、度假、休闲、体验为一体的旅游体系。

1. 探索古村落保护机制

进一步加大古村落的相关保护力度，对江湾村、晓起村作出环境风貌的整治，再现了"青砖小瓦马头墙，回廊挂落花格窗"风貌。

2. 深入挖掘民俗旅游

将有独特特色的节庆习俗、饮食习俗等以民俗表演的形式呈献给游客，形成了一道乡村旅游独特的新亮点。

3. 初步建成篁岭民俗文化村

该景区的建成营业标志着江湾旅游由原来的单一观光型旅游逐渐朝着休闲度假、文化娱乐、民俗体验、旅游会展等多种综合配套型逐渐发展转变。

（五）高效农业型模式

高效农业型的美丽乡村模式建设重点是我国的农业主产区，其典型特征就是以发展农业作物生产为重点，农田水利等农业基础设施相对比较完善，农产品的商品化率与农业的机械化发展水平比较高，人均耕地的资源丰富，农作物的秸秆产量相对比较大。

高效农业型模式的最典型案例就是福建省漳州市的平和县三坪村，该村一共有山地 60360 亩，毛竹 18000 亩，种植蜜柚 12500 亩，耕地 2190 亩。该村在创建美丽乡村过程中充分发挥了林地资源优势，采用"林药模式"打造金线莲、铁皮石斛、蕨菜种植基地，以玫瑰园建设带动花卉产业发展，壮大兰花种植基地，做大做强现代高效农业。

三坪村属于全县美丽乡村建设的重要示范窗口。多年以来，平和县共开展了 22 个美丽乡村示范村的建设项目，为全县乡村的旅游发展带来了无限的魅力，也给今后的平和美丽乡村建设发展起到了重要的示范作用。

第三节　美丽乡村规划设计的内容

一、美丽乡村产业规划设计

经济发展与生活富裕都属于"美丽乡村"建设的重要物质保障。经济发展和生态环境之间的关系紧密相连，良好的生态环境属于十分重要的可持续发展基础。随着当前社会经济的快速发展，生态环境和经济快速发展之间存在的矛盾越发的明显。

（一）推动优势特色产业

特色产业主要是在一定的区域范围之内，以资源条件作为基础，以创新生产技术、生产工艺、生产工具、生产流程以及管理组织方式为重要条件，制造或者提供一个具有竞争力的产品与服务的部门或者行业。在推进美丽乡村建设的过程中，应该充分地认识本村的自然资源，结合当前已有的产业基础，选择一个比较合适的产业发展道路。

（二）推动乡村休闲农业发展

在现代社会发展过程中，生活节奏变得越来越快，工作家庭等各个方面的压力正在逐渐加大，人们需要祛除浮躁，回归自我。所以，在美丽乡村建设过程中，应该善于利用和开发自然界所赋予人类的十分独特的资源以便能够提供旅游休闲服务，这种发展模式一旦运行得当，必然能够产生不凡的成果。

休闲农业的一个最主要特点就是在经济发达的条件下，充分满足当代城市人的休闲需要，利用农业景观资源与农业的生产条件，发展观光、休闲、旅游的一种新型的农业生产经营形态。休闲农业的基本属性也是需要以充分开发具有典型观光、旅游价值的农业资源以及农业产品为其重要的前提，将农业生产、科技应用、艺术加工以及游客参加农事活动等都融为一体，供游客领略在其他风景名胜之中欣赏不到的典型大自然情趣。休闲农业往往都是以农业活动为主要基础，农业与旅游业结合在一起的一种全新的交叉型产业，同时也属于以农业生产为主要依托和现代旅游业充分结合在一起的一种高效农业，主要分成下列四种基本类型：

1. **农事体验型**

主要是按照各地的特色以及时节的变化而设置的各种完全不同的农事体验活动，精心打造出一个现代化的农业园区，集可看、可吃、可娱等多功能于一身的休闲农业精品园。

2. **景区依托型**

主要是通过乡村旅游对生态资源、产业资源作出项目化的整合处理，推进环境优势不断地朝着产业的优势发展转化，有效地带动一批农业基地与加工企业的发展建设，把一系列的农副产品发展成为休闲旅游商品。

3. 生态度假型

主要是依托比较优良的自然山水资源，融合现代生态养生的生活理念，借鉴台湾的"民宿"发展相关经验，加大周末的观光朝着休闲养生方向不断转变，拓展服务的功能。加快大型现代生态农庄、高档休闲会所、老年养生公寓的发展建设步伐。

4. 文化创意型

主要是出台了休闲产业与文创产业有关的扶持政策，并且还依托农业园区、示范基地以及旅游集散地的辐射功能，大力推进现代乡土文化培育和产业化的运作，建设展示和体验于一体的农村典型文化创意馆所，加大农家乐的休闲旅游业文化发展内涵。

（三）鼓励农民自主创业

传统劳动力与土地资源是现代农民增收的主要渠道和依靠。要尽可能快地、长效地促进农民的收入水平提高，应该充分坚持就业和创业并重的方式，在大力推进现代农村劳动力发展转移的基础上，多鼓励农民自主创业发展，使更多的农民可以通过直接掌握现代生产资料去创造财富，提高资产性的收入在农民收入之中所占的比重。为进一步促进农民的增收，通过引导和扶持，将大批比较符合条件的，富有创业、创新精神的农民创业主体，逐渐培育成现代农业经济组织的法人或者企业法人，使他们成为有技术、善经营、会管理的新一代农民。因此，政府与社会的各个方面一定要采取切实有效的发展引导措施，鼓励农民积极创业。

二、美丽乡村空间规划设计

（一）村庄环境整治

整洁而优美的村庄环境往往是美丽乡村建设的重要核心内容，体现出来的也是一种内在之"美"。建设一个宜居、宜业、宜游的乡村，使之成为农民幸福生活家园以及市民休闲旅游的重要乐园，不仅需要充分重视规划建设层面的高水平、高质量，更需要进一步重视管理创新，持续促进美丽乡村的建设得以可持续发展。

1. 整治生活垃圾

对农村积存的垃圾进行集中清理，完善村中的环卫设施布局，提高建设垃圾收集设施的行业标准，做到村庄内的垃圾箱数量、位置摆放合理，颜色与外形以及村庄的风貌保持相互协调。落实村中的保洁队伍，强化村庄内的生活垃圾集中无害化处理，积极推动村庄内的生活垃圾分类收集、源头减量、资源利用，建立一个相对较为完善的"组保洁、村收集、镇转运、县处理"生活垃圾收运处置体系。

2. 整治乱堆乱放

全面清除村中已经存在多年的露天粪坑，整治村内的畜禽散养方式。拆除严重影响村容村貌的建筑物，整治原有的破败空心房、废弃住宅、闲置宅基地以及闲置的用地，从而能够做到宅院物料存放有序，房前屋后整齐干净，无残垣断壁。电力、电信、有线电视等线路以架空方式为主，杆线排列整齐，尽量沿道路一侧并杆架设。

3. 整治河道沟塘

对影响河道沟塘的一些有害水生植物、垃圾杂物以及漂浮物等进行有效的清理，疏浚原本淤积的河道沟塘，重点整治污水塘、臭水沟。尽快实施河网生态化改造，加强农区的自然湿地保护工作，努力建设成为一个"水清、流畅、岸绿、景美"的村庄水环境。

4. 整治生活污水

优先推进处于环境敏感区域、规模相对比较大的规划布点村庄以及新建村庄生活污水的整治。建立起村庄内的生活污水治理设施有效管理体制机制，有效保障已经建设起来的机制体制的正常运行。

（二）使用清洁能源

美丽乡村不只是需要建设美丽的绿水青山，更需要建设的是对低碳减排的开发以及现代生活方式的大力培养。农村不仅仅是能源的主要消费场所，同时也是能源的重要生产者；不仅仅是废弃物的主要产生地，同时也是废弃物资源化利用的重要开发地。可以运用沼气、太阳能、秸秆固化碳化等一些可再生的能源开发技术，大力推进沼气的供气发电、沼肥的储运配送或者太阳能光热等技术条件在现代农业生产、农村生活之中的大力应用，从而很好地实现物质能量的循环利用，有效地提高现代农业资源的利用率，进一步改变农民的传统生活方式，提高节能环保的相关意识，为进一步培育现代新型农民打下坚实的基础。

1. 沼气

沼气作为一种可再生能源或者是清洁能源，被我国各级政府确定为可以很好地解决我国农村能源使用问题的能源。它能够用于做饭、照明、发电、烧锅炉以及食品加工等，也能够替代汽油、柴油等用于农村的机械动力能源等，不仅十分方便，还非常干净。

2. 太阳能

太阳能属于一种可再生清洁能源，当前已经在中国得到大范围的运用。为了能够进一步推动农村节能节材，进一步促使农村路灯、太阳能的供电、太阳能热水器等多个方面的太阳能综合利用进村入户，持续拓宽农村能源的生态建设基本内容；在水产养殖、养猪、花卉苗木等方面也极大地推广了地源热泵、太阳能集中供热等多个系统。太阳能在现代农业生产和发展过程中得到了十分广泛的运用，有利于减少化肥、农药的使用量，极大地提高农产品的质量以及其安全水平。

3. 风能

风能属于一种因为地球表面的大量空气流动而形成的动能，是一种可再生、无污染并且储量非常大的清洁能源。开发利用风能资源，不仅是开辟能源资源十分重要的途径之一，同时也属于减少环境污染的重要措施。

（三）美丽乡村基础设施建设

基础设施建设要充分考虑当地的财力以及群众的承受力，避免加重农民的负担，增加乡村的负债；不仅需要突出建设发展的重点所在，还应该优先解决农民最急需的生产生活设施，同时也需要始终注意加强农业的综合生产能力建设，促进农业的稳定发展以及农民的持续增收，切实防止将美丽乡村建设变作表面形式的一种建设。

三、美丽乡村生态环境建设

生态保育主要指对物种与群落进行保护与培育，以便能够保护生物发展的多样性，保持生态系统的结构以及其功能的相对完整性，生态保育并不能完全排除对资源的有效利用，而主要是以其持续利用作为主要的目的。通过对生态系统进行生态保育，能够让濒危物种获得有效的保护，使受损的生态系统结构以及功能都得到有效的恢复。

（一）加强生态多样性保育

1. 重视环境教育

通过环境教育进一步丰富民众保护环境的知识、技能不当，民众的环保意识、环境素质都得到了比较大的提升。美丽乡村的建设还应该高度重视环境教育，建立学校环境教育与社会环境教育的发展体系，提升自然人、企业管理者、公务员保护环境方面的相关知识、技能、生态伦理和责任，尤其要高度重视学校的环境教育，培育拥有正确的环境伦理观以及良好的环境素质的公民。

2. 综合运用法律、行政与经济手段

要充分有效地利用排污收费、环境补偿费、排污权交易等相关经济手段以及市场机制，使守法的成本与收益都能够远超其违法成本与收益，才可以真正达到保护环境与生态的基本目标。为鼓励农民植树造林、修补山坡地，应该推出造林的一系列奖励政策。

3. 设立特殊保护区域

为了保护与恢复现代自然生态环境，应该在一些环境比较敏感的地区设立起自然保护区、野生动物保护区、野生动物重要的栖息场所等相关的自然生态保育特殊保护范围。各类的自然保育比较特殊的保护区域的设立，严重地限制了资源的利用和开发，有限地保护野生动、植物的栖息场所，对森林以及山坡地的保育、水源区的保育、水土的保持、生物多样性的保护等，都发挥了十分重要的作用。

4.调整产业结构，注重源头污染治理

运用兼顾环保的基本经济发展相关政策，调整产业的基本结构，注重源头的污染减量。鼓励农业不断地向休闲、有机、生态等方向可持续发展。大力推广有机肥和生物肥料的使用，重视农业环境的生态保护，以便能够减少农业生产对于环境造成的相关冲击，进而能够达到不仅提升农业产品发展创新服务和品质安全的效果，同时还可以达到保护生态环境与土地资源复育的目的。

农村生态环境的好坏直接关系到美丽乡村规划建设的程度。开展生态环境保育不仅能够提高广大农村居民的生活质量及生存环境，更是建设全面和谐社会的重要内容。

（二）保护生物多样性

生态多样性保护一直都是实现人类社会发展的重要环境基础，也属于当今国际社会发展需要高度关注的核心问题。但是因为自然、人为及制度等方面的原因，生物多样性正遭受着严重的破坏，而这种破坏造成的生态失衡也最终会反噬人类。保护生物多样性已成为摆在人类面前的急中之急、重中之重的事情。为加强生物多样性保护工作，应该从以下几方面综合考虑：

1.稳步推进农业野生植物保护水平

一是继续推进《全国农业生物资源保护工程规划》的实施。加快新批复农业野生植物保护原生境示范点建设进度，确保建设质量；二是继续开展物种资源调查工作，对列入国家重点保护名录的农业野生植物进行深入调查，为保护工作提供科学依据；三是加强抢救性保护，减少农业野生植物种群和原生境受损。

2.有效应对外来物种入侵

一是加快科技创新，提升支撑能力。支持科研单位加大科研力度，加强生物入侵规律、监测防控技术、科学施药技术的攻关研究。

二是建立长效机制，提升防控能力。大力开展综合防治技术的试点示范和宣传培训。

三是继续夯实基础，提升监测能力。进一步建立完善全国外来入侵生物监测预警网络，健全信息交流和传输途径，提高监测预警的时效性和准确性。

四是做好应急防治，提升防控能力。各地要切实落实应急防控预案，储备应急防控物资，提高应急防控能力。

3.增强宣传和保护生物多样性

保护生物多样性，需要人们共同的努力。对于生物多样性的可持续发展这一社会问题来说，除发展外，更多的应加强民众教育，广泛、通俗、持之以恒地开展与环境相关的文化教育、法律宣传，培育本地化的亲生态人口。

生物多样性的保护工作是一件综合性的工程，需要各方面的共同参与。生物的多样性，为人类社会的生存和发展提供非常丰富的食物、药物、燃料等，同时也为人类工业大生产提供了数量庞大的工业原料。生物的多样性发展进一步维护了自然界的生态平衡，并且还给人类的生存发展提供了一个非常好的环境条件。所以，在美丽乡村的建设过程中应该充分注重其生物的多样性保护。

（三）农田环境保护

耕地是国民经济及社会发展最基本的物质基础，保护基本农田对促进我国农业可持续发展和社会稳定具有重要意义。环境保护是基本农田保护工作的重要组成部分。近年来，随着经济的迅速发展，我国农田环境污染及生态恶化的问题日趋严重，耕地环境质量不断下降，已成为制约农业和农村经济可持续发展的重要因素之一，加强基本农田环境保护工作已是当务之急。为做好基本农田的环境保护工作，应该从以下几方面考虑：

1. 加强工作宣传

一方面要加强宣传领导，因为农业资源环境保护这项工作本身并不能够成为地方经济发展的内生动力。

另一方面要发动群众，农村环境污染防治是需要全社会共同关心和支持的事业。动员和吸引社会各界力量积极参与农田环境保护。

2. 农业面源污染防治

农业生态环境保护工作是一项长期的系统工程，相关部门要确立"预防为主"的思想。

一要将农业面源污染普查形成制度，建设数据库，各地必须重视农业面源污染监测点的建设和运行维护，争取每两年形成个农业面源污染动态报告。

二要把农业面源污染防治综合示范区做成亮点。

三要突出抓好畜禽污染防治。畜禽污染 COD 占农业面源污染总量的 96%，重点问题要突出抓，下大气力抓突破。

3. 控"源"

全面推广测土配方施肥，大力扩种绿肥与推广应用商品有机肥。实施农药化肥减量工程，着力提高化肥农药利用率。推进农村面源氮磷生态拦截系统工程建设。

4. 治"污"

依据垃圾"减量化、无害化、资源化"的基本要求，以农业废弃物资源的循环利用作为直接的切入点，大力推广种养之间相互结合、循环利用的多类型生态健康种养方式。科学合理地制定养殖业发展详细规划，努力推进规模化的养殖场发展建设。全力推广发酵床生态养殖，建立起一个持续、高效、生态平衡发展的规模化畜禽养殖业体系。积极开展秸秆饲料、秸秆发电、秸秆造纸、秸秆沼气、秸秆食用菌等多渠道综合利用秸秆试点示范与推广，提高秸秆资源综合利用率。

5. 加强调查处理力度

相关部门要加大对基本农田环境污染事故调查处理的工作力度，同时采取有力措施，提高污染事故处理率，切实保障农民利益，促进农业生产和农村经济的可持续发展。对破坏生态环境、乱占耕地的开发建设项目要严肃处理；对直接向基本农田排放污染物的污染企业要限期整改；对化肥施用量过高、农药残留严重的基本农田，要提出合理施用化肥和农药的措施。

（四）推动循环农业发展

循环农业是一种相对于传统农业发展而提出的全新的发展模式。它通过调整、优化农业生态系统内部的结构以及相关的产业结构，进一步提高农业生态系统的物质以及能量的多级循环利用，严格控制外部有害物质的投入以及农业废弃物的形成，最大限度地减轻环境污染。中国的循环农业发展模式可以归纳为基于现代产业发展的目标以及产业空间布局两个分类层次共七种模式类型。

1. 基于产业发展目标的循环农业模式类型

（1）生态农业改进型。以典型的生态农业发展模式作为重要的基础，在现有的模式基础上，从资源的节约高效利用以及经济效益的提升发展角度，进一步改进生产组织的形式以及资源的利用方式，通过种植业、养殖业、林业、渔业、农产品加工业以及消费服务业等的相互连接、相互作用，建立起一个相对比较良性的循环的农业生态系统，从而进一步实现农业的高产、优质高效、持续发展。

（2）农业产业链延伸型。以公司或者集团企业作为主导，以农产品的加工、运销企业作为主要的龙头，实现了企业和生产基地以及农户之间的有机联合。企业的生产充分抓住了对于原材料的利用率、节能降耗等多个关键的环节，使分散的资源要素可以在产业化的体系运作之中进行重新组合，无形之中进一步延伸了产业的发展链条，极大地提高了农产品的附加值，并且还非常有效地保证了农产品的安全性能以及其生态标准。

（3）废弃物资源利用型。以农作物的秸秆资源化利用以及畜禽的粪便能源化利用作为重点，通过作为反刍动物的饲料、生产开发出食用菌的基质料、生产一些单细胞蛋白基质料以及作为生活能源或者工业原料等转化的重要途径，进一步延伸农业发展的生态产业链条，提高农业相关资源的利用率，扭转农业资源的严重浪费局面。进一步提升农业生产运行的质量与经济效益。

（4）生态环境改善型。重视农业的生产环境改善以及现代农田生物多样性保护工作，将其视为农业可以持续稳定发展的重要基础。根据现代生态脆弱区的环境发展特征，优化现代农业生态系统内部的基本结构以及相关的产业结构，充分运用工程、生物农业技术等方面的措施作出综合性的开发，从而就能够建成高效的农—林—牧—渔复合型的生态系统，进而可以很好地实现物质的能量良性循环。

2. 基于产业空间布局的循环农业模式类型

（1）微观层面。主要是以单个的企业、农户为生产主体的经营型模式，以龙头企业、专业大户作为生产的重要对象，通过科技创新以及技术的带动来进一步引导企业与农户的清洁生产发展，以便能够进一步提高资源利用效率，减少污染物的排放，形成产加销一体化的重要经营链条。

（2）中观层面。生态园区型的发展模式，主要是以企业间、产业间的循环链建设为重要的途径，以实现其资源在不同的企业间与不同的产业间最充分的利用为典型的目的，建立起以二次资源再利用与再循环为核心组成部分的农业循环经济发展机制。

（3）宏观层面。循环型社区发展模式主要是以区域的整体单元理顺循环农业在现代社会发展过程中种植业、养殖业、农产品加工业、农村服务业等一系列产业发展链条之间的耦合关系，通过一种比较合理的生态设计和农业产业优化升级，构建起区域循环的农业闭合圈。全体人民都可以共同参与到循环农业的经济体系之中去。

第四节　美丽乡村规划设计的技术路线

一、房屋新型结构技术

（一）结构技术类型

1. 新型砌体结构技术

砌体结构因为施工比较简单、工艺要求相对较低，当前仍然是中国中小城镇以及广大农村地区十分重要的一种建筑结构形式。新型的砌体结构技术通常采用的是新型砌体材料来代替黏土砖砌块，具有典型的节省耕地、保护环境、节约能源的基本社会效益和经济效益。

2. 钢筋混凝土结构技术

钢筋混凝土是一种比较节能的材料，重量轻、强度高，抗裂性能非常好，价格相对比较便宜，能够充分地利用地方砂石材料以及企业的工业废料。钢筋混凝土的结构体系往往能够充分地利用钢结构的强度高、抗拉性能好以及混凝土结构刚度比较大、抗压性能比较好的基本优点，降低结构的成本和节省材料，进而节省土地。

3. 钢结构技术

钢结构是一种能够充分体现绿色建筑基本原则的结构类型，新的结构边角料与旧结构拆除之后都能够被回收利用。同样的建筑物规模，钢结构在建造的过程中二氧化碳排放量仅仅相当于混凝土结构的 65% 左右，而且钢结构是干施工，较少使用砂、石、土、水泥等散料，进而能够从根本上避免产生尘土飞扬、废物堆积以及噪声污染等方面的问题。与此同时，钢结构体系因为其连接的灵活性，能够采用各种各样的节能环保型围护材料，进而能够带动节能环保型建筑材料的大力推广和应用。

4.竹木结构技术

竹木结构建筑是一种绿色的建筑。木材自身的独特物理构造，使其具有非常好的保温隔热性能。同样的供暖、降温效果，木结构本身所消耗的电能只是砖混结构的70%左右。木材生产的时候一氧化碳与二氧化碳产生的排放量只是钢材的1/3左右。另外，木材也是一种可再生的资源，也能够进行再利用，拆卸下来的木料可以再次用于建设，即便是小料也能够当作能源、造纸等再利用。木结构的消耗能源是最少的，造成的污染也是最少的。

（二）房屋的节能技术内容

农村的建筑节能技术不仅降低了建筑的运行能耗，同时也通过降低建筑的材料制造以及建筑建造过程中的能耗进一步实现建筑的节能。具体技术措施主要包括以下几点：

1.降低建筑的材料制造能耗

降低建筑的材料制造能耗主要包括把生产砖瓦的普通砖窑改造成轮窑、隧道窑、立式节柴窑等多种节能窑；把生产的实心砖改成空心砖；采用小水泥节能制造技术，降低单位水泥在制作过程中的生产能耗；换装新式节能建筑施工设备。

2.降低建筑的冷热耗量

一是结合气候的相关特征并且经专业的规划布局，使住宅的选址趋于合理化。平面布局的整体外形应尽可能地减少凹凸部分，进而降低环境的温度对住宅能耗产生的影响。

二是通过围护结构的改进设计，使用一些复合墙体的建设技术，运用岩棉、水泥聚苯板、硅酸盐的复合绝热砂浆等相关的节能建筑材料，采用增加窗玻璃的层数、窗上加贴一些透明的聚酯膜、增加门窗的密封条、使用一些低辐射的玻璃、使封装玻璃与绝热性能比较好的塑料窗等进一步增强门窗的绝热性能。屋面可采用高效保温屋面、架空型保温屋面、浮石沙保温屋面以及倒置型保温屋面等多种节能屋面，进一步降低外墙的传热系数，进而极大地提高围护结构的整体热阻性能。

3.提高采暖系统的能源效率

提高采暖系统的能源效率主要包括采用些省柴节煤采暖炉灶或者节能锅炉的设计，极大地提高能源使用效率；加强如架空炕烟道等一些空调系统结构的布局与气密性设计，从而减少损耗；建设被动式的太阳能利用设施，如日光温室和地源热泵等。

二、生态农业节水灌溉技术

（一）节水灌溉技术的类型

1.渠道防渗节水灌溉工程技术

渠道属于农业灌溉的一种非常重要的输水方式，其防渗的技术也是提高水利用率十分重要的技术手段之一。这项措施的使用主要是为了进一步减少渠道输水的渗漏损失，采取一种建立不透水防护层的基本方式，依据完全不同的材料可以将其分为多种类型，一般都是使用土料、混凝土、水泥、塑料薄膜、沥青、砖石等。

2. 低压管道输水节水灌溉工程技术

低压管道的输水特点主要是充分利用低压管道来代替渠道把水直接输送至田间之中，具有设备简单、投资较低、输水效率高、节约土地等多重优点，主要都是应用于北方的机井灌地区，对北方的灌区发展节水灌溉具有非常重要的现实意义。

3. 喷灌、滴灌节水灌溉工程技术

滴灌、微喷灌、小管出流、渗灌以及涌泉灌等一些灌溉技术都是微灌技术类型。喷灌、滴灌已经是当前农村灌区节水增产效果最好的一种田间灌溉工程，通常不会受到地形地貌的直接影响且不容易形成局部的水土流失与土壤板结，能够非常有效地改善土壤的微生物环境，为农田作物的发展营造出一个很好的生长气候，这是其他灌溉方法所不能比的。此外，喷灌、滴灌设施同样也都具备依据需要进行合理施肥、喷药等综合功能。喷灌、滴灌技术非常适合用在山丘地区与干旱缺水的地区。但是因为喷灌、滴灌工程的一次性投资非常大，技术含量要求比较高，管理的难度相对比较大，当前只是在田间的示范工程中有所应用且取得了非常好的效果。

4. 雨水汇集工程技术

在一些干旱、半干旱的山丘区域，通过比较合理的工程设计以及施工方案，建设雨水汇集的综合利用基本工程，把降雨形成的地面径流非常有效地汇集在一起，有效避免了水资源流失，并且还在最需要的时候供给农作物灌溉。如汇流表面薄层水泥处理工程技术、窖窖构建及布局工程技术等，有效地改变了常规看天吃饭的灌溉发展模式，充分利用窖灌的农业来确保水资源在时空层面的利用率，以便能够达到节水灌溉的目的。

（二）节水灌溉农艺技术

节水灌溉农艺技术主要包括耕作技术（蓄水保墒）、作物的合理布局、抗旱作物的相关栽培技术、覆盖保墒技术、控制性灌溉和作物调亏灌溉技术、土壤的保水剂、化学的调控以及生物方面的技术（抗旱品种的选育）等。

当前，农艺技术的普及性非常好，其中的生物技术、水肥耦合高效利用等一些全新的技术仍然需要进一步加强和研究，以满足美丽乡村建设的需要。

第三章　村庄规划与布局

第一节　村庄规划现状和技术标准

一、村庄规划的地位和原则

（一）村庄规划法律地位的确立

党的十六届五中全会明确提出，建设社会主义新农村是我国现代化建设进程中的重大历史任务。"生产发展、生活宽裕、乡风文明、村容整洁、管理民主"，这既是中央对新农村建设的要求，也是其总体目标。2008 年开始颁布实施的《中华人民共和国城乡规划法》第 18 条规定，乡规划、村庄规划应当从实际出发，尊重村民意愿，体现地方和农村特色。乡规划、村庄规划的内容应当包括：规划区范围，住宅、道路、供水、排水、供电、垃圾收集、畜禽养殖场所等农村生产、生活服务设施及公益事业等各项建设的用地布局、建设要求以及对耕地等自然资源和历史文化遗产保护、防灾减灾等的具体安排。乡规划还应当包括本行政区域内的村庄发展布局。《村庄和集镇规划建设管理条例》明确提出，为加强村庄、集镇的规划建设管理，改善村庄、集镇的生产、生活环境，促进农村经济和社会发展，制定本条例。该条例将村庄规划划分为村庄总体规划和村庄建设规划两个阶段。村庄总体规划的主要内容包括：村庄的位置、性质、规模和发展方向，村庄的交通、供水、供电、邮电、商业、绿化等生产和生活服务设施的配置；村庄建设规划的主要内容可以根据本地经济发展水平，参照集镇建设规划的编制内容，主要对住宅和供水、供电、道路、绿化、环境卫生以及生产配套设施作出具体安排。

（二）村庄规划的基本原则

制定村庄规划，要充分考虑农民的生产方式、生活方式和居住方式对规划的要求，合理确定存在的发展目标与实施措施，节约和集约利用资源，保护生态环境，促进城乡可持续发展。还应当以服务农业、农村和农民为基本目标，坚持因地制宜、循序渐进、统筹兼顾、协调发展的基本原则。

以人为本的原则。始终把农民群众的利益放在首位，充分发挥农民群众的主体作用，尊重农民群众的知情权、参与权、决策权和监督权，引导他们大力发展生态经济、自觉保护生态环境、加快建设生态家园。

因地制宜的原则。结合当地自然条件、经济社会发展水平、产业特点等，正确处理近期建设和长远发展的关系，切合实际地部署村庄各项建设。

生态优先的原则。遵循自然发展规律，切实保护农村生态环境，展示农村生态特色，统筹推进农村生态经济、生态人居、生态环境和生态文化建设。

保护文化、注重特色的原则。保护村庄地形地貌、自然机理和历史文化，引导村庄适宜的产业发展，尊重健康的民俗风情和生活习惯，注重村庄生态环境的改善，突出乡村风情和地方特色，提高村庄环境质量。

二、村庄规划的技术标准和编制要求

（一）村庄规划的技术标准

为了科学地编制村镇规划，加强村镇建设和管理工作，创造良好的劳动和生活环境，促进城乡经济和社会的协调发展，1993 年建设部颁布了《村镇规划标准》。2000 年由建设部城乡规划司颁布实施《村镇规划编制办法（试行）》。为提高村庄整治的质量和水平，规范村庄整治工作，改善农民生产生活条件和农村人居环境质量，稳步推进社会主义新农村建设，促进农村经济、社会、环境协调发展，由建设部制定了《村庄整治技术规范》（GB50445—2008），该规范适用于全国现有村庄的整治。住房和城乡建设部于 2013 年制定《村庄整治规划编制办法》。该办法对村庄整治规划提出了具体的编制要求：编制村庄整治规划应以改善村庄人居环境为主要目的，以有效保障村民基本生活条件、治理村庄环境、提升村庄风貌为主要任务。

该办法在村庄规划的编制内容上也做了详细的规定。在保障村庄安全和村民基本生活条件方面，可根据村庄实际重点规划以下内容：村庄安全防灾整治，农房改造，生活给水设施整治，道路交通安全设施整治。在改善村庄公共环境和配套设施方面，可根据村庄实际重点规划以下内容：环境卫生整治、排水污水处理设施、厕所整治、电杆线路整治、村庄公共服务设施完善、村庄节能改造。在提升村庄风貌方面，可包括以下内容：村庄风貌整治，历史文化遗产和乡土特色保护。根据需要可提出农村生产性设施和环境的整治要求和措施；编制村庄整治项目库，明确项目规模、建设要求和建设时序；建立村庄整治长效管理机制。鼓励规划编制单位与村民共同制定村规民约，建立村庄整治长效管理机制。防止重整治建设、轻运营维护管理。

（二）美丽宜居村庄示范指导性要求

为贯彻党的十八大关于建设美丽中国、增强小城镇功能、深入推进新农村建设的精神，住房和城乡建设部开展了美丽宜居小镇、美丽宜居村庄示范工作（表 3-1）。

表 3-1 美丽宜居村庄示范指导性要求

示范要点		指导性要求
田园美	自然风光	地形地貌、河湖水系、森林植被、动物栖息地或气候天象等自然景观优美、有特色、保护良好。
	田园景观	农田、牧场、林场、鱼塘等田园景观优美,农业生产设施有地域、民族、传统或时代特色。
村庄美	整体风貌	村庄坐落与自然环境协调,村庄空间尺度体现乡村风貌。
	农房院落	农房风格、色彩、体量体现乡村风貌,结构安全,功能健全;庭院内外整洁,有规划有管理,无违规建房及私搭乱建现象。
	乡村要素	井泉沟渠、壕沟寨墙、堤坝桥涵、石阶铺地、码头驳岸、古树名木等乡村要素等自然淳朴,优美实用,保护良好。
	传统文化	历史遗存、地区民族文化及民俗得到良好保护与传承。
	基础设施	基础设施齐全,管理维护良好。村庄道路基本硬化且通达性好,饮用水水质达标,污水有处理措施,排水良好,有公共照明,农户卫生厕所覆盖率达90%以上,人畜粪便得到有效处理与利用,电力电讯有保障。
	环境卫生	村容整洁卫生,垃圾及时收集清运,有保洁人员和机制,蚊蝇鼠蟑得到有效控制,无乱丢垃圾、乱泼脏水、恶臭等现象。
	安全防灾	防灾、消防设施齐全,管理有效,无地质灾害隐患。
生活美	居民收入	村民人均纯收入在所属地级市各村中名列前茅。
	公共服务	入托、上学方便,入学率、巩固率达标;公交通达,村民出行及购物方便;文体场所设施完善,有经常性文体活动;医疗卫生能基本满足需求,医疗养老保险覆盖率在所属地级市各村中名列前茅。
	乡风文明	乡风淳朴、文明礼貌、诚实守信、遵纪守法、社会和谐;村领导班子工作好。

（三）村庄规划编制程序要求

1. 村庄规划基础资料收集

编制村庄规划应对村庄的发展现状进行深入细致的调查研究,做好基础资料的收集、整理和分析工作。规划调查研究的范围应当包括自然条件、经济社会情况、用地和各类设施现状、生态环境以及历史沿革等。具体需要收集以下基础资料:

（1）乡（镇）总体规划、经济社会发展规划、土地利用总体规划、重要基础设施规划、有关生态环境保护规划等;

（2）村域土地利用现状,包括用地结构、数量;

（3）村域人口发展情况和现状、人口性别、年龄、劳动构成资料;

（4）村域建筑物分布,包括房屋用途、产权、建筑面积、层数、建筑质量、占地面积资料;

（5）村域基础公共设施及道路、管网现状,农林水利设施等资料;

（6）当地历史文化、建筑特色、风景名胜等资料；

（7）当地经济社会发展资料，农业区划和农业生产情况；

（8）当地工程地质、水文地质等资料；

（9）地方材料及建筑工程造价资料；

（10）村域、村庄地形图：比例为 1 ： 1000 ~ 1 ： 10000。

收集资料后要进行整理分析，去伪存真，为规划提供科学依据。资料整理的成果可用图表、统计表、平衡表及文字说明等来反映。

2. 村庄规划编制程序

（1）规划设计单位在对村庄的基础资料进行全面的调查和分析之后提出村庄规划方案；

（2）上级城乡规划主管部门负责方案审查，并广泛征询村民意见，经村民大会讨论后确定方案；

（3）规划设计单位根据确定的方案进行深入设计；

（4）上级城乡规划主管部门组织有关部门、专家对规划成果进行评审，提出审查报告；

（5）村庄规划最终成果由乡（镇）人民政府报县级城乡规划主管部门验收批准，并予以公布组织实施。

三、新农村建设存在的问题

中华人民共和国成立后，我国村庄规划和建设一直在规模性和渐进性的演替中探索前行。按阶段划分，主要包括：人民公社集体所有制下的农村规划、分田到户的农村规划、小康村规划、新农村规划等几个重要阶段。这些阶段性的农村规划、建设实践是一定时期政治、经济、社会、文化、生态条件下的产物，不仅具有鲜明的时代烙印，同时也充分反映了中华人民共和国成立后我国村庄规划建设的思路演变和村庄规划建设的客观历史发展进程。

从 2005 年十六届五中全会通过的《"十一五"规划纲要建议》中提出社会主义新农村建设以来，社会主义新农村建设活动已经实践了一段时间。在此过程中，成绩是巨大的，但也出现了一些值得高度重视的问题。

（一）盲目撤并村庄，片面理解城镇化

部分省市撤并村庄是一种普遍的现象。美其名曰撤并村庄乃"一石三鸟"：一可以节约耕地；二可以集中居住从而减少基础设施投资；三可以推进"城镇化"。当前，各地用地指标压得很紧，在每一个县直至省区都追求耕地的"占补平衡"，"占"是很容易的，"补"从哪里来？一是造假；二是反复。所谓"反复"，就是把过去退耕还林的地重新开垦，然后统计为新开垦地，过几年又把它退耕还林。还有就是把村庄撤并，认为是既可以推进"城镇化"又能"创造"耕地的"良方"。有人认为，平均每户农居占地半亩左右（300 多平方米），

而城市居民人均只占用 100 平方米，通过撤并村庄，将农村居住密度提高到城市水平，地方政府可用的耕地转建设用地的指标就增加了，所以，目前基层干部对撤并村庄的积极性非常高。这种大撤大并浪费了巨大的资源（一般搬迁一个中等规模村庄需要 3000 万元投资，而整治只需 500 万元左右），这不仅会消耗大量建筑材料，破坏众多文化遗产，也忽视了农业生产的特征。农村的生活和生产应该是组合在一起的，"庭院经济"的效能非常高。农民户均占地 300 平方米，其中包括利用宅基地种植蔬菜、瓜果。在某些地区所做的农村规划中，把许多村庄合并成一个村庄或合并到镇，传统农居也被城市常见的多层楼宇所取代。但据我们的实地调查，这些地方因农业生产所需的农机具和粮食、种子没有地方搁置，农民只得在楼房下面搭建大量的棚子，实际占地面积并没有减少，而且农民也不欢迎。北方某省也出现过这样的情况，农民上楼后每年要交 4000 元钱的取暖费，农民舍不得付费，又不能在新房里烧炕，就只能挨着冻过冬。

另外一种撤并现象发生在山区县，被称之为"下山脱贫"。此项工作对于那些生态退化、原住民无法生存的石漠化、沙漠化、盐碱化地区的生态恢复、脱贫致富十分有效，但不少地方正呈现扩大化的负面效应。与此相反的是同样人多地少的日本，在 1992 年出台《山区振兴法》之后，又在 1993 年出台《特定山区活性法》，加快山区村庄的就地繁荣发展。日本山区的土地面积、乡村数量、耕地面积、农村人口分别占全国国土面积的 70%、乡村总数的 55%、耕地面积的 40%、农村人口的 40%，而其农业产值仅占全国的 37%。但是，日本在政策上并不强调山区的农业产值，而是强调其公益功能，强调其对"国土保全"的重大社会意义。鉴于山区的多样性，日本政府的山区支农政策也追求"精细化"。从 2002 年起，对山区农业的补助金实行"直接支付制度"，即根据山地的可耕种规模、耕者与弃耕者状况、山地与平地收入差别等具体情况发放补助金。其目标是将农民植根于土地，强调人与自然的协调、共存，坚决杜绝将山区农民迁移到平原的"大迁移政策"。

（二）盲目对农居进行改造，忽视村镇基础设施建设

有许多干部非常热衷于统一发放"农宅标准图册"，国家部委发、省里也发，大城市发、小城市也发。许多图册完全忽视了农民收入的差别化，完全忽视了不同地方的民居特色，也完全忽视了传统民居的节能特性。不论是陕西的窑洞、山西的半窑洞，还是徽派建筑，这些传统农居因充分地利用了浅表地热能，冬暖夏凉，非常节能。而现代农居标准图册看上去很漂亮，但是并不节能节材。

由于我国大多数地区农村生产力水平尚处于不发达的状态，农民造房一般都采用"搭积木"的办法。第一步往往先盖一层，过几年后再加楼层，再过几年再配套完善。而正规设计院所提供的标准图册，完全忽视了农民的实际造房过程。再比如说，农居改造中有一个非常重要的指标——抗震性能，在农房的抗震设防改造中就要因地制宜，不能盲目改造。坐落在烈度 7 级以上地震带的农居要进行抗震设防的危房改造，但是坐落在烈度 7 级以下的，特别是 6 级以下的广大地区的农房就不需要进行过高的防震设防改造，尤其是江南大

部分经济发达地区的农居通常都很坚固，已达到了抗震级别。但是，我们的干部还年复一年向农民发放农宅的标准图册，完全忽视了农民收入的差别性、爱好的差别化，忽视了传统农居的节能、节地等效能，也给大量的历史文化遗产带来极大破坏。

现阶段，我国绝大多数的农民都很满意自己盖的房子。在农民对农村各项设施、服务项目满意度的调查中，对住房条件满意的农民高达 70% ~ 85%，在所有项目中位列第一。而有些地方往往忽略了这一前提，为了搞形象工程，强制农民加高楼层，导致出现假楼层，不但利用率低，而且既花钱又危险。

此外，一些领导热衷于搞那些看得见、少数人临时拍手叫好的表面文章，而对长期性、隐蔽性、根本性、系统性，特别是事关长远发展和人民群众根本利益的基础设施建设忽略不计，漠不关心。即使在基础设施建设的具体工作中，部分地方干部的浮躁情绪和急功近利的行为非常严重，只修"看得见"的，不修"看不见"但农民最急需的安全饮水、污水和垃圾处理等设施。

（三）盲目地进行牲畜的集中养殖，片面地进行人畜分离

农民散户养猪一般是用菜梗、菜叶、剩菜、剩饭和农田里的杂草藤蔓作为饲料。猪是农户生产、生活循环生态链中的一个关键环节，扮演着分解者的角色。在城里被当作垃圾的剩菜、剩饭、烂水果和菜叶梗等都是猪的饲料，许多农副产品加工的残余物也都可以用来喂猪。而把猪集中饲养与住宅分离，农民就不可能把那些剩菜、剩饭端到几百米外的地方喂猪。原来把猪粪堆砌起来成为堆肥，然后再施回农田去或者直接填进沼气池作为燃料。集中养殖之后，各户的猪粪混在一起，把整个分配循环链条打断，不少农民因养猪成本的提高而放弃养猪，许多已建的沼气池也因缺乏原料而废弃。

现在不少地方片面地追求"人畜分离"，把猪和家禽集中起来养殖，原来占猪存栏数70% 以上的散户养猪就受到了影响。还有一些城里的"专家"夸大了散养可能引起人畜疾病交叉感染，认为猪养在农户住宅旁边可能会引发传染病流行，其实这是一种观念上的误区。

（四）盲目进行城乡无差别化的能源系统建设

国电公司"十一五"规划中写明，计划投资 236 亿元解决老少边穷地区 120 万农户的用电。这是一项艰巨而又光荣的任务，估算实际投资将达 500 亿元，也就是每户农户要平均投资 2 ~ 4 万元，算下来这些钱几乎能给每户农户安装一套太阳能伏打电池系统，或就地建设风能发电站，这样产生的绿色能源不但为农民在以后的使用中省下了电费，而且也节省了国家电网的资源。另一个问题是，以城市供电模式用这么长的线路把电送到边远的农村，70% ~ 80% 的电能都消耗在线路上面，农户实际能够用到的只有 20% ~ 30%。电费和效能怎么算？维修保养的成本也极其高昂。由此产生的一系列后续问题值得关注。

边远山区、牧区的能源系统建设应该符合农村分散的特点，采用分散性的能源系统、

可再生能源系统来加以解决，这是已经被发达国家的成功经验所证明了的。按照我国传统的以工业化、集中化的办法来处理分散农民、农户的能源问题，值得进一步商榷。

（五）盲目安排村庄整治的时序

北方某省市组织了一次教授下乡调查，教授们回来编了一个顺口溜：村里的路还是土的，农田小道都铺上了水泥路，因为进行了所谓的"标准基本农田"改造；水渠里的水是严重污染的，河岸上已糊上了水泥，因为推行所谓的农田"水利化"；农民饮用的自来水还没有，还要靠打井，玉米地里铺上了自来水管；村小学校舍还是危房，但是村里各种活动室已达10多个。经调查发现：一个100多农户的村庄，各种从上而下设定的"活动室"就达16个。实际上，各类名称繁多的活动室，除了一个社区卫生站外，农民都不需要，但是，每一个"室"都是上头带钱来建的"钓鱼工程"，建设时序常常与农民现阶段的实际需求严重脱节。

（六）忽视小城镇建设

各级政府和有关部门支持小城镇发展的积极性很高，但是扶持的政策措施协调性不够，扶持的资金分散，没有形成推动小城镇协调发展的合力。缺乏有效的分类指导政策和措施，城镇的职能和目标定位不够明确，发展重点不突出。小城镇建设相互攀比、重复建设、产业同构的问题比较严重。小城镇建设的管理机制也不能适应各地实际发展和城镇化的要求。

第二节　村庄空间布局规划

一、村庄总体布局规划

村庄的总体布局主要是对村庄的各功能组成部分进行协调统筹安排，达到为村庄的生活和生产服务的目的。总体规划布局要充分体现劳动、生活、休息和交通等村庄的四大功能。主要工作包括：村庄用地的条件分析和选择，村庄的总体布局，村庄整治规划。

（一）村庄用地的条件分析和选择

村庄用地条件的分析主要从以下五个方面着手：

（1）村庄的发展类型和资源状况：明确规划村庄的类型、规模以及乡（镇）域规划对村庄的要求和在村镇体系布局中的地位和作用等；

（2）资源状况：村庄所在区域的矿产、森林、农业、风景资源条件和分布特点；

（3）自然环境：村庄所处的地形、地貌、地质、水文、气象等条件，这些条件直接影响到村庄的布局形态；

（4）村庄现状：包括人口规模的现状及其构成、用地范围、产业、经济及科学技术水平等；

（5）建设条件：水源、能源、交通运输条件等。

在分析研究以上各种具体条件的基础上，就可以着手进行村庄的空间布局规划。

（二）村庄的总体布局

1. 总体规划布局的基本原则

（1）全面综合地安排村庄各类用地。对村庄中各类用地统筹考虑，优先安排好包括居住、公建、道路、广场、公共绿化在内的生活居住用地，统筹好村庄发展的生产建筑用地，处理好村庄建设用地与农业用地的关系；

（2）集中紧凑，既方便生产、生活，又降低村庄造价。村庄用地布局适当紧凑集中，体现村庄"小"的特点。禁止套用城市总体规划布局的模式，避免造成村庄建设的浪费和破坏村庄的良好格局；

（3）充分利用村庄自然条件，体现地方性。如河湖、丘陵、绿地等，均应有效地组织起来，为居民创造清洁、舒适、安宁的生活环境。对于地形比较复杂的地区，更应善于分析地形特点。形成具有地方特色的村庄布局方案，以便村庄居民能够"望得见山，看得见水，记得住乡愁"；

（4）对村庄现状，要正确处理利用和改造的关系。总体规划布局应适应村庄延续发展的规律并与其取得协调。做到远期与近期有一定联系，将近期建设纳入远期发展的轨道。

2. 村庄总体规划布局的一般程序

总体规划布局一般要按照下列程序进行：

（1）原始资料的调查。村庄规划和建设不能脱离村庄原有的建设基础。充分分析村庄现状条件资料对于从实际出发，合理地利用和改造原有村庄，解决村庄的各种矛盾，调整不合理的布局等都是很有必要的；

（2）确定村庄性质、规模。确定村庄性质，计算人口规模，拟定布局、功能分区和总体规划构图的基本原则；

（3）在上述工作的基础上提出不同的总体布局方案；

（4）对每个布局方案的各个系统分别进行分析、研究和比较。其中包括：村庄形态和发展方向，道路系统，居住用地的选择，公共服务中心的布置，绿化和环境整治，农业、生产用地的布局等。逐项进行分析比较；

（5）对各方案进行经济技术分析和比较；

（6）选择相对经济合理的初步方案；

（7）根据村庄空间布局规划的要求绘制图纸。

3. 村庄总体布局

村庄总体布局指的是基于对村庄现状、自然技术经济条件的分析和村庄的生产、生活活动规律的研究，在村庄规划中充分体现各项用地的组织安排以及对村庄建筑艺术的要求，其主要包括村庄的用地组织结构和村庄用地功能分区两个部分。

（1）村庄用地组织结构

村庄规划用地组织结构指明了村庄用地的发展方向、范围，规定村庄的功能组织与用地的布局形态。对于村庄的建设与发展将产生深远的影响。按照村庄特点，村庄用地规划组织结构应综合考虑以下方面：

①紧凑性：村庄规模有限，用地范围不大。如以步行的限度（如距离为 1 公里或时间 15 分钟之内）为标准，用地面积约 0.2 ~ 1 平方公里，可容纳几百人至几千人。无须大量公共交通。对村庄来说集中布局更有利于完善公共服务设施、降低工程造价。因此，在地形条件允许的情况下，村庄应该尽量以旧村为基础，集中连片发展。

②完整性：村庄虽小也必须保持用地规划组织结构的完整性，以适应村庄发展的延续性。合理布局、公共设施和市政设施完善才能促进村庄生活的适宜性，良好的生态和生活环境才能让村庄更具有吸引性。因此，在进行村庄总体规划时，一定要考虑各种用地的完整性，促进村庄的合理化发展。

③弹性：村庄在空间布局规划时要在用地组织上具有一定的弹性。所谓"弹性"，一是给予空间形态开敞性，在布局形态上留有出路；二是在用地面积上留有余地。

紧凑性、完整性、弹性是考虑村庄规划组织结构时必须同时达到的要求。它们相互促进，互为补充。通过它们共同的作用，因地制宜地形成在空间上、时间上都协调平衡的村庄规划组织结构形式。

（2）村庄用地的功能分区

村庄用地的功能分区过程是村镇用地功能组织，是村庄规划总体布局的核心问题。村庄活动概括起来主要有：居住、交通、游憩和农业生产四个方面。为了满足村庄上述各项活动的要求，就必须规划相应功能的村庄用地。它们之间有的有联系，有的有依赖，有的则相互干扰。因此，必须按照各类用地的功能要求以及相互之间的关系加以组织，使之成为一个协调的有机整体。

在村庄规划布局时，遵从村庄用地功能分区的原则如下：

①有利生产和方便生活。把功能接近的紧靠布置，功能矛盾的相间布置，搭配协调，以便于组织生产协作。节约能源，降低成本，安排好供电、供排水、通讯、交通等基础设施。促使各项用地合理组织、紧凑集中，以达到既能节省用地、缩短道路和管线上程长度，又有方便交通、减少建设资金的目的。对于比较大的村庄居民点，还应具有一定的物流集散地的功能。规划是保证物资交换通畅也是发展生产、繁荣经济不可缺少的环节，因此，在用地功能组织时也应给予考虑；

②村庄各项用地组成部分要力求完整，避免穿插。若将不同功能的用地混在一起，容易造成彼此干扰。布置时可以合理利用各种有利的地形地貌、道路河网、河流绿地等，合理地划分各区，使各部分面积适当，功能明确；

③村庄功能分区应对旧村的布局进行合理调整，逐步改造完善；

④村庄布局要十分注意环境保护的要求，并要满足卫生防疫、防火、安全等要求。要使居住条件、公建用地不受生产设施、饲养、工副业用地的废水污染，不受臭气和烟尘侵袭，不受噪声的骚扰，使水源不受污染。总之要有利于环境保护；

⑤在村庄规划的功能分区，要反对从形式出发，追求图面上的"平衡"。村庄是一个有机的综合体，生搬硬套、臆想的图案是不能解决问题的，必须结合各地村庄的具体情况，因地制宜地探求切合实际的用地布局和恰当的功能分区。

（三）村庄整治规划

根据村庄的发展类型把整治村庄分为带型村庄、集中发展村庄和组团发展村庄三种模式，并根据不同的村庄发展模式提出有针对性的整治规划建议。

1.带型村庄与整治规划

（1）布局模式

带型村庄主要分布在河道、湖岸、干线道路附近，这些村庄的布局是基于考虑接近水源和生产地、方便交通和贸易活动等因素而形成的。村庄的布局多沿水路运输线延伸，河道走向和道路走向往往成为村庄展开的依据和边界。在水网地区，村庄往往依河岸或夹河修建；在平原地区，村庄往往以一条主要道路为骨架展开；在丘陵地区，由于村庄没有相对较为平坦的开阔地，山地地形限定了若干的自然空间，村庄往往依山地地形和走向来建设，周边以山林为主，围合感较强，村庄边界以自然限定，形式比较自由，由于受地形限制，村庄呈带型组织模式发展。带型村庄公共绿地沿院落组团展开方向分布，各个自然村相连地带均有公共开敞绿地作为核心联系村庄整体结构。因此，村庄公共设施的放置结合公共空间以灵活的布置为主。

（2）规划整治

①村庄的空间结构

在带型村庄规模比较小，布局相对分散。村庄空间结构是以一个或多个核心体为中心带型布局的结构类型。在规划过程中，要强化各个核心点的控制作用，使村庄各自形成明确的核心，并加强主体核心与次级核心的联系，合理控制带型村庄的有效长度。各个组团之间在村庄边界地带布置开敞绿地，增强村庄的绿化渗透性。结合公共空间合理地安排公共服务设施用地，可根据所处的地理环境布置在村庄的中心或带状形态延伸的端点。

②村庄的道路系统

带型村庄的道路系统规划中，应充分挖掘现有道路的特点，由于受地形的影响，道路形态狭长，并有可能以弯路为主。因此，规划中不仅要满足交通性能的要求，而且要抓住现状特征，拓宽中不能强求径直，要依其自然，使之成为景观优势。在完善道路系统的时候，要根据居民住宅的分布为骨架来延伸道路，形成自由式道路网。

③村庄的建筑形态

大多数村庄的建筑依地形而建，风格古朴。在规划过程中，对于特色建筑要对其保留，并在安全性和形式上进行规划完善。保持各个组团内的建筑风格统一，各院落组团依所处的地形和高差不同，应保持各自的特色。院落组织模式上，利用各组团的核心来控制村庄整体格局，形成适宜的村庄形态。

2. 集中型村庄与整治规划

（1）布局模式

集中型村庄布局模式多出现在地势平坦的平原地区，是大型传统村庄的典型布局模式。村庄内部有一个或几个点状中心，村庄居民或围绕点状中心层层展开，或以这种点状中心为居住区中心，这种点状中心有的位于村庄形态中心，有的位于河道尽端或道路交叉口。集中型村庄街巷多呈网络状发展，主街和次巷脉络清晰，村庄形态机理内聚性强，又易于随着村庄扩大逐步沿路拓展延伸。

街巷在村庄中承担着交通联系和组织村民生活的公共空间的作用，成为公共和半公共的线性交往空间和交通联系通道。村庄形态机理较丰富，建筑是界定街巷空间的形式、大小、尺度的主要因素，空间有秩序，领域感、归宿感比较强，用地紧凑节约。科学合理地引导村庄集中布局，有利于节约用地，更好地解决居民点分散带来的土地浪费、市政设施建设不经济、村庄公共卫生等问题。

（2）规划整治

①村庄的空间结构

集中型村庄多地处平原地区，村庄规模较大。在规划过程中，对村庄整体结构进行系统的规整，应强化中心在结构和功能上的控制性，使村庄中心成为村庄主体景观空间，提升中心的吸引力。利用公共绿地作为次核心来联系各个院落，使整体布局能够更加规整紧凑。

②村庄的道路系统

集中式布局的村庄，在道路网的密度上比较大。在规划过程中，要明确村庄的道路分级，完善道路系统，增加道路的围合性，结合村庄的现状道路和形态特色，大多形成较为规整的网络式的道路格局。

③村庄的建筑形态

集中型村庄住宅和院落在布置形式上要与村庄的网络式道路形态相适应，并尊重村庄原有的传统院落结构。在院落组织上，充分利用各个公共场地作为加强院落组团之间联系的节点，形成中心结构突出的网络式村庄形态。

3. 组团型村庄与整治规划

（1）布局模式

组团型村庄布局形态常见于地形较复杂的较大村庄，受自然地形影响，由于地势变化比较大，河、湖、塘等水系穿插其中，村庄受到河网及地形高差分割，形成两个以上彼此相对独立的组团，其间由道路、水系、植被等连接，各组团既相对独立又联系密切。组团式布局是顺应自然的一种做法。这种布局模式在丘陵地区表现得更为明显，数个农田或山丘紧密结合的分散组团（或住宅群）构成一个村落。

（2）规划整治

①村庄的空间结构

组团型的布局模式因地制宜，与现状地形或村庄形态相结合，较好地保持原有社会组织结构，减少拆迁和搬迁的村民数量，减少对自然环境的破坏，但是土地利用率较低，公共设施、基础设施配套费用相对较高，使用不方便。这种布局模式可以依托现有村庄和景观形成组团式布局，将公共服务中心进行分散设置，增进邻里间的交往。

②村庄的道路系统

组团式布局模式的道路系统不明显，没有其他模式的层次性强。要结合原有村庄和地形条件进行规划，重点提高组团和对外交通的联系程度，在加强各个组团居民点之间的联系的同时，逐步完善各个组团内部的道路体系。

③村庄的建筑形态

村庄的建筑形态在保持整体协调的前提下，突出各自组团的建筑形态特色，院落组合要延续传统建筑的院落空间围合手法，形成前院、后院、侧院、内院等不同布局特点的院落，构成公共、半公共、私密的有序空间。

二、公共空间布局与设计

村庄公共空间是村庄主要公共活动的集中场所，是村庄政治、经济、文化等社会生活活动比较集中的地方，它主要包括商业服务、文化体育、娱乐活动等，大的村庄还具有医疗卫生、邮电交通等内容。根据各主要公共建筑的功能要求和公共活动内容的需要，再配置以广场、绿地及交通设施，形成一个公共设施相对集中的地区或区域。

（一）村庄公共空间的基本内容

村庄公共空间作为服务于村庄的功能聚集区，应该满足村庄自身的发展需求，不同功能的分区组合形成村庄公共空间不同的景观和活力。根据村庄规模及需求的不同，可设置不同类别的公共空间。

公共空间的基本内容由公共建筑和开放空间组成，大致包括以下几类：

（1）行政管理类：包括村委会。很多村庄的村委会一般位于村庄的正轴线上，以显示其服务功能和主导作用。近年来，随着我国新农村建设的不断完善，在人口集聚度比较大的村庄形成社区，构建社区服务中心；

（2）商业服务类：包括超市、饭店、饮食店、茶馆、小吃店、洗浴等。大一点儿的村庄还具有集贸市场、招待所等。商业服务业是村庄公共空间的重要组成部分；

（3）邮电信息类：包括邮政、邮电、电视、广播，近年来网络也在村庄中迅速发展；

（4）文体科技类：包括文化站（室）、游乐健身场、老年活动中心、图书室等。村庄规模的不同，所设置的项目有多有少。村庄的文体科技设施普遍缺乏，而在村庄的发展中，文化、娱乐、体育、科技的功能地位会越来越重要，而且作为地方性的代言者和传播者有其独特的价值，特别是一些民风民俗文化应予强化；

（5）医疗保健类：以卫生室、社区医疗服务站为主，随着人民生活水平的不断提高，人民对健康保健的需求也不断增加，人口规模较大的村庄建成一组设备较好、科目齐全的卫生院是必要的；

（6）民族宗教类：包括寺庙、道观、教堂等。这是宗教信仰者的活动中心，尤其是在少数民族地区，如回族、藏族、维吾尔族等地区，清真寺、喇嘛庙等在村庄中占有重要的地位；

（7）环境休闲类：包括广场、绿化、建筑小品、雕塑等。对于改造的村庄，广场在村庄公共空间的构建中越来越具有非常重要的功能。

（二）村镇公共中心的空间布局形式

村庄公共空间布局形式常用的有沿街式布置、组团式布置、广场式布置，其基本组合形式如下：

1. 沿街式布置

（1）沿主干道两侧布置。村庄主干道居民出行方便，中心地带集中较多的公共服务设施，形成街面繁华、居民聚集、经济效益较高的公共空间。该布置沿街呈线形发展，易于创造街景，改善村庄外貌；

（2）沿主干道单侧布置。沿主干道单侧布置公共建筑，或将人流大的公共建筑布置在街道的单侧，另一侧少建或不建大型公共建筑；当主干道另一侧仅布置绿化带时，这样的布置借称"半边街"，显然半边街的景观效果更好。人流与车流分行，行人安全、舒适，流线简捷。

2. 组团式布置

（1）市场街。这是我国传统的村庄公共空间布置手法之一，常布置在公共中心的某一区域内。内部交通呈"几纵几横"的网状街巷系统。沿街巷两旁布置店面，步行其中，安全方便，街巷曲折多变，街景丰富。我国有不少的历史文化名村就具有这种历史发展的形态，丰富多彩的特色成为一个旅游景点；

（2）"带顶"市场街。为了使市场街在刮风、下雨等自然条件下，内部活动少受和不受其影响，可在公共空间上设置阳光板、玻璃等顶棚，形成室内中庭的效果。

3. 广场式布置

（1）四面围合。以广场为中心，四面建筑围合，这种广场围合感较强，多可兼做公共集会的场所；

（2）三面围合。广场一面开敞，这种广场多为一面临街、水，或有较好的景观，人们在广场上视野较为开阔，景观效果较好；

（3）两面围合。广场两面开敞，这种广场多为两面临街、水，或有较好的景观，人们在广场上视野更为开阔，景观效果更好；

（4）三面开敞。广场三面开敞，这种广场一般多用于较大型的市民广场、中心广场，广场一侧有作为视觉底景的建筑，周围环境中的山、水等要素与广场相互渗透、相互融合，形成有机的整体、完整的景观。

（三）公共设施的配置标准

1. 公共服务设施布置原则

公共服务设施的配套应根据村庄人口规模和产业特点确定，与经济社会发展水平相适应。配套规模应适用、节约。

公共服务设施宜相对集中布置在村民方便使用的地方（如村口或村庄主要道路旁）。根据公共设施的配置规模，其布局可以分为点状和带状两种主要形式。点状布局应结合公共活动场地，形成村庄公共活动中心；带状布局应结合村庄主要道路形成街市。

2. 公共服务设施配套指标体系

公共服务设施配套指标按 1000 ~ 2000 平方米 / 千人建筑面积计算。公益性公共建筑项目参照表 3-2 配置。经营性公共服务设施根据市场需要可单独设置，也可以结合经营者住房合理设置。

表 3-2　公益性公共建筑项目配置表

内容	设置条件	建设规模
1. 村（居）委会	村委会所在地设置，可附设于其他建筑	100 ~ 300m²
2. 幼儿园、托儿所	可单独设置，也可附设于其他建筑	—
3. 文化活动室（图书室）	可结合公共服务中心设置	不少于 50m²
4. 老年活动室	可结合公共服务中心设置	—
5. 卫生所、计生站	可结合公共服务中心设置	不少于 50m²
6. 健身场地	可与绿地广场结合设置	—
7. 文化宣传栏	可与村委会、文化站、村口结合设置	—
8. 公厕	与公共建筑、活动场地结合	—

三、村庄宅基地规划

（一）农村宅基地规划

宅基地是村庄建设用地的重要组成部分，其功能以居住为主，在部分地区还兼有生产功能。宅基地的面积规模应依据村庄居民对生活、生产的合理需要加以确定。一般来说，宅基地主要由住房、生产辅助用房、生活杂院等组成，随着生活水准的提高还必须保证一定的绿化用地。以上用地的组成应分配得当、有机组合，因为上述几项的指标对其他多项用地指标有直接影响，是当前村庄规划的重点，必须按照实际需求合理确定，不能简单地由设计构图决定。因此，为保证村庄规划中居住区规划既合理又能够实现节地，必须做到宅基地选址适当，宅基地规划方案合理，宅基地各组成用地比例科学，使村镇聚落的发展脱离模仿、同质化的轨道。

1. 宅基地选择原则

（1）地块必须满足适建标准，如适应当地气候、地理环境及居住习惯，满足卫生、安全防护等要求。

（2）地址应满足内外交通联系便捷，充分利用周边已有配套设施，保证居民将来出行方便，生活方便：①满足居民合理的耕作、生产出行方便；②必须做到不占用基本农田。

2. 宅基地选择的影响因素

（1）自然因素

自然因素主要包括地形地貌因素、气候因素、水文及当地资源条件等。我国南北、东西跨度较大，地理及气候条件变化幅度也巨大，村庄宅基地选址影响亦差异较大。比如北方村庄住宅对采光要求高，那么对住宅的曲光要求就比南方高；南方住宅注重通风、遮阳，这样便会产生面阔小、进深大的居住形态。平原、山区、高原草区以及滨水地区由于地形、气候差别也产生了风格迥异的选址方法与居住形态。

（2）社会、经济、技术因素

我国农村社会经济、技术条件千差万别，资源分布多寡不均，发展水平也具有相当大的地缘落差，社会结构也错综复杂，对宅基地的建设标准有着不同的要求，经济发展水平、人口因素、家庭结构、生活方式、风俗习惯、技术水准、地方管理制度等因素都影响着宅基地的选择。

（二）宅基地规划设计的基本控制指标

宅基地规划技术经济指标体系相关标准如下：

（1）在村庄规划中一般将宅基地分成住宅组群与住宅庭院两级，其中，每个级别再细分为Ⅰ、Ⅱ两级，如表3-3所示：

表3-3　村庄宅基地分类与规模

宅基地分级 人口数/人		居住规模		对应行政管理机构
		住户数/户		
住宅组群	Ⅰ级	1500 ~ 2000	375 ~ 500	村委会
	Ⅱ级	1000 ~ 1500	250 ~ 375	
住宅庭院	Ⅰ级	250 ~ 340	65 ~ 85	村民小组
	Ⅱ级	180 ~ 250	45 ~ 65	

（2）村庄住宅用地分类与用地平衡

村庄住宅用地类型比城市用地相对简单，主要包括住宅建筑用地、公共建筑用地、道路用地和公共绿地四类，宅基地用地平衡指标控制宜符合表3-4的规定。

表3-4　村庄住宅用地平衡用地表

单位：%

用地类别	住宅组群		住宅庭院	
	Ⅰ级	Ⅱ级	Ⅰ级	Ⅱ级
住宅建筑用地	72 ~ 82	75 ~ 85	76 ~ 86	78 ~ 88
公共建筑用地	4 ~ 8	3 ~ 6	2 ~ 5	1.5 ~ 4
道路用地	2 ~ 6	2 ~ 5	1 ~ 3	1 ~ 2
公共绿地	3 ~ 4	2 ~ 3	2 ~ 3	1.5 ~ 2.5
总用地	100	100	100	100

（3）村镇住宅人均宅基地指标

为合理保证村镇住宅的使用舒适性、便利性，满足村镇居民生产生活开展及节地要求，必须科学合理地确定人均宅基地的规模。宅基地人均指标依据气候区划不同而存在差异，村镇人均宅基地用地指标应符合表3-5的规定。

表3-5　村庄人均宅基地用地参考控制指标

单位：m²/人

居住规模	层数	建筑气候区划		
		Ⅰ、Ⅱ、Ⅵ、Ⅶ	Ⅲ、Ⅴ	Ⅳ
住宅组群	低层	27 ~ 38	25 ~ 35	23 ~ 34
	低层、多层	23 ~ 32	21 ~ 30	20 ~ 29
	多层	18 ~ 26	17 ~ 25	16 ~ 23

居住规模	层数	建筑气候区划		
		Ⅰ、Ⅱ、Ⅵ、Ⅶ	Ⅲ、Ⅴ	Ⅳ
住宅庭院	低层	24 ~ 35	22 ~ 32	20 ~ 31
	低层、多层	20 ~ 30	18 ~ 27	16 ~ 25
	多层	15 ~ 24	14 ~ 22	16 ~ 20

（三）宅基地规划设计技术经济指标及其控制

宅基地规划设计技术经济合理性可以用以下指标来考察：

（1）住宅平均层数：指住宅总建筑面积与住宅基底总面积的比值，一般层数越高，节地性越高。

（2）多层住宅（4 ~ 5层）比例：多层住宅与住宅总建筑面积的比例。

（3）低层住宅（1 ~ 3层）比例：低层住宅与住宅总建筑面积的比例。

（4）户型比：指各种户型在总户数中所占百分比，反映到住宅设计上就是在规划范围内各种拟建房（套）型住宅占住宅总套数的比例。该比例的平衡需要依据人口构成、经济承受能力、居住习惯等综合考虑。

（5）总建筑密度：指在一定用地范围内所有建筑物的基底面积之比，一般以百分比表示。它可以反映一定用地范围内的空地率和建筑物的密集程度（％），即：

建筑密度 = 住宅、公共服务设施和其他建筑物基地层占地面积 / 建筑基地面积 ×100%

（6）住宅建筑净密度：住宅建筑基地总面积与住宅用地面积的比率（％）。村庄住宅建筑净密度最大控制值不应超过表3-6的规定。

表3-6　村庄住宅建筑净密度最大控制值

单位：%

层数	建筑气候区划		
	Ⅰ、Ⅱ、Ⅵ、Ⅶ	Ⅲ、Ⅴ	Ⅳ
低层	35	40	43
多层	28	30	32

注：低层、多层混合型住区取二者指标值作为控制指标的上、下限值。

（7）容积率（建筑面积毛密度）：指每公顷宅基地上拥有各类建筑的平均建筑面积或按宅基地范围内的总建筑面积除以宅基地总面积计算（％）；村庄住区容积率最大控制值不应超过表3-7的规定。

表 3-7　村庄住宅容积率最大控制值

单位：%

层数	建筑气候区划		
	Ⅰ、Ⅱ、Ⅵ、Ⅶ	Ⅲ、Ⅴ	Ⅳ
低层	1.1	1.2	1.3
多层	1.4	1.5	1.6

（8）绿地率：指宅基地内各类绿地面积的总和和宅基地用地面积的比率（%）。村庄住宅公共绿地面积及休闲设施可以按照表 3-8 控制。

表 3-8　村庄住宅基地公共绿地面积与休闲设施配置

宅基地分级		绿地等级	设施配置	最小面积规模 /hm²
住宅组群	Ⅰ级	组群中心绿地	草坪、花木、座椅、台桌、简易儿童游乐设施、成人健身设施	0.09 ~ 0.10
	Ⅱ级			0.07 ~ 0.08
住宅庭院	Ⅰ级	庭院绿地	草坪、花木、座椅、台桌、铺装地面	0.04 ~ 0.06
	Ⅱ级			0.02 ~ 0.03

（9）相关密度指标控制技巧：宅基地规划中涉及人口密度、住宅建筑密度、住宅居住面积密度、住宅套数密度等相关密度指标。目前，农村、城市用地日趋紧张，节约土地是城镇规划中的重要原则之一。大量的村镇建筑，大量小城镇的兴建和扩大，需要占用大量的土地。因此，节约用地已经刻不容缓，必须给宅基地规划提供一个合理的经济指标。所谓"合理"，即根据宅基地具体情况确定一个经济密度，既能满足居民的正常生活需求，同时又能节约用地。

这里，高密度能大大节约用地。提高密度的手段有以下几点：

①增加层数；

②加大房屋进深；

③加大房屋长度；

④建筑的排列组织方式；

⑤缩小建筑间距；

⑥住宅和公建合建，如底层作商店等；

⑦降低建筑层高；

⑧北退台住宅。

为节约用地，我国村庄居住区建设应适当提高住宅层数。我国人多地少，从目前各省市所拟定的各项密度指标来看，与其他国家相比，密度指标是相当高的。所以，衡量指标的标准不是什么高密度、低密度，而应是一个合理的密度。

（四）住宅设计要求

1. 住宅建设原则

遵循适用、经济、安全、美观和节地、节能、节材、节水的原则建设节能省地型住宅。

住宅建设应贯彻"一户一宅"政策，并根据主导产业特点选择相应的建筑类型；以第一产业为主的村庄应以低层独院式联排住宅为主；以第二、第三产业为主的村庄应积极引导建设多层公寓式住宅；限制建设独立式住宅；旅游型村庄应考虑旅游接待需求。

住宅平面设计应尊重村民的生活习惯和生产特点，同时注重加强引导卫生、舒适、节约的生活方式。

住宅建筑风格应适合乡村特点，体现地方特色并与周边环境相协调，保护具有历史文化价值和传统风貌的建筑。

2. 住宅建设要求

宅基地标准：人均耕地不足 1 亩的村庄，每户宅基地不超过 133 平方米；人均耕地大于 1 亩的村庄，每户宅基地面积不超过 200 平方米。具体按县（市、区）人民政府规定的标准执行。

单户住宅建筑面积：三人居以下不超过 150 平方米，四人居不超过 200 平方米，五人居及以上不超过 250 平方米。

单户住宅建筑面积具体按县（市、区）人民政府规定的标准执行，但不应突破本导则规定的上限面积。

3. 住宅设计的基本原则

住宅平面设计原则：分区明确，实现寝居分离、食寝分离和净污分离；厨房、卫生间应直接采光、自然通风；平面形式多样。

住宅风貌设计原则：吸取优秀传统做法并进行创新和优化，创造简洁、大方的建筑形象；住宅宜以坡屋顶为主，并注意平屋顶、平坡屋顶结合等方式的运用，增加多样性。优先采用地方材料，结合辅助用房及院墙形成错落有致的建筑整体。

住宅庭院设计原则：灵活选择庭院形式，丰富院墙设计，创造自然、适宜的院落空间。住宅辅房设计原则：结合生产需求特点，配置相应的附属用房（如农机具和农作物储藏间、加工间、家禽饲养、店面等）。辅房应与主房适当分离，可结合庭院灵活布置，在满足健康生活的前提下方便生产。

住宅层高要求：层高 2.8 ～ 3.3 米，不应超过 3.3 米，净高不宜低于 2.5 米；属于风景保护和古村落保护范围的村庄，建筑高度应符合保护要求。

4. 住宅设计技术性要求

合理加大进深，减小面宽，节约用地。

加强屋面、墙体保温节能措施，有效地利用朝向及合理安排窗墙比，推广应用节水型设备、节能型灯具。

积极利用太阳能及其他可再生能源和清洁能源。能源利用的相关设施应结合住宅设计统一考虑。

四、生产用地规划

（一）布局原则

结合当地产业特点和村民生产需求，合理安排村域各类产业用地（含村庄规划建设用地范围外的相关生产设施用地）。

手工业、加工业、畜禽养殖业等产业宜集中布置，以有利于提高生产效率、保障生产安全，便于治理污染和卫生防疫。

（二）种植业布局

明确村域耕地、林地以及设施农业用地的面积、范围。

按照方便使用、环保卫生和安全生产的要求配置晒场、打谷场、堆场等作业场地。

（三）养殖业布局

结合航运和水系保护要求，合理选择用于养殖的水体，合理确定养殖的水面规模。

鼓励集中饲养家禽家畜，做到人畜分离；集中型饲养场地的选址应满足卫生和防疫要求，宜布置在村庄（居民点）常年盛行风向的下风向以及通风、排水条件良好的地段，并应与村庄（居民点）保持防护距离。

分散家庭饲养场所应结合生产辅房布置，并与住宅生活居住部分适当隔离，以满足卫生防疫要求。

五、绿化景观系统规划

（一）绿化规划原则

（1）乡土化原则。尊重地方文脉，结合民风民俗，展示地方文化，体现乡土气息，营造有利形成村庄特色的景观环境。绿化景观材料应自然、简朴、经济，以本地品种、乡土材料为主，与乡村环境氛围相协调；

（2）多样性原则。注重村庄风格的自然协调和地方特色植物等景观营造，通过植被、水体、建筑的组合搭配，呈现自然、简洁的村庄整体风貌，四季有绿、季相分明，形成层次丰厚的多样性生物景观；

（3）在发挥绿化主要作用的同时，根据地域特点，结合生产选择适于本地生长的品种。如广西一些村庄广植袜树，福建不少村庄种植白兰，江苏泰兴一些村庄种植银杏等；

（4）防护绿地应根据卫生和安全防护功能的要求，规划布置水源保护区防护绿地、工矿企业防护绿带、养殖业的卫生隔离带、铁路和公路防护绿带、高压电力线路走廊绿化和防风林带等。村庄内的绿地规划要与各种防护林相呼应，全面规划；

（5）绿地系统要根据各地区特点、村庄性质、经济水平制定。我国地跨亚热带、温带、亚寒带，各地自然地形、地质条件不一，气象气候各不相同，经济发展水平、人口稠密程度也不一样，有的差距较大。因而在绿化用地、树种选择、绿地系统的配置等方面均要根据各自特点而定。地广人稀的城镇，树木花草是很宝贵的，只要有能力多建绿地，在这些地方可以不考虑指标限制；在严寒地区，植树多考虑防风的作用；在炎热地区，绿地布置要考虑村庄通风；在旅游疗养村镇，绿地是村庄的主要功能分区之一，要规定它的绿化下限指标，限定它的建筑密度，提高空地率、绿化率，而不规定它的绿化上限指标；

（6）旧村庄改造时，各地要根据具体情况，确定合适的绿地指标，并较均衡地布置于村庄中。旧村庄绿地很少，这是我国的普遍现象。在村庄改造时，应适当提高层数。降低建筑密度，合理紧凑地布置道路系统、工程管线，留出绿地面积。

（二）村庄绿化规划程序

（1）基础资料调查：村庄自然气候调查、村庄地形地貌调查、村庄范围内原有绿化及分布情况调查、村庄建设用地总体规划及各分项规划、村庄范围内植被类型及景观调查、村庄范围内动植物生长情况调查、村镇周边植被类型及景观调查；

（2）确定绿化规划原则、标准。根据村庄实际情况——原有绿化、经济水平、规划总体目标、村庄的自然气候条件、地形地貌及植被情况等，制定绿化规划的原则和标准；

（3）绿化规划初步方案设计；

（4）初步方案的优化、协调、调整，形成最终村庄绿化规划。

（三）村庄绿化规划

1. 绿化规划的重点

宜将村口、道路两侧、宅院、建筑山墙、不布置建筑物的滨水地区以及不宜建设地段作为绿化布置的重点。

保护和利用现有村庄良好的自然环境，特别要注意利用村庄外围和河道、山坡植被，提高村庄生态环境质量；保护村中的河、溪、塘等水面，发挥其防洪、排涝、生态景观等多种功能作用。

村庄绿化应以乔木为主、灌木为辅，植物品种宜选用具有地方特色的多样性、经济性、易生长、抗病害、生态效应好的品种，并提倡自由式布置。

2. 绿化规划的主要内容

村庄绿地主要有街头绿地、防护绿地、附属绿地、其他绿地。各种绿地功能不同，要求也不同，进行规划时应根据具体的使用功能、场所进行规划。

（1）街头绿地规划

街头绿地以满足人们的休憩、活动、娱乐为主，景观要求较高，所以，在村庄街头绿地规划时，以本地植物群落为主，可以适当引进外地观赏植物，丰富植物种类，提高景观水平。绿地内部组织上应运用形式美原理、平面构成原理、空间构成原理、色彩构成原理、生态原理、功能原理、人文原理，通过静态、动态规划，营造一个优美、宜人的环境。

对于有条件的村庄，可以和村庄的公共中心相配合在村庄中心地带设置绿化广场，形成全村的商业、休息、娱乐中心。在进行绿化设计时，一年四季广场都要有绿色，所以，可选择一些常绿植物或绿色时间长的植物，一次同时，再选择一些具有季节性特色的植物，使广场一年四季各有特色，再配合一些喷泉、小品、小径等零星的建筑物，形成全村的休息活动中心。

（2）防护绿地规划

防护绿地应根据卫生、隔离和安全防护功能的要求，规划布置工矿企业防护绿带、畜禽养殖业的卫生隔离带、铁路和公路防护绿带、水源保护防护绿带、高压电线走廊、防风林带等。

①卫生防护林。保护生活区免受生产区的有害气体、煤烟及灰尘的污染。一般布置在两区之间或某些有碍卫生的建筑地段之间。林带宽30米，在污染源或噪声大的一面应布置半透风式林带，以利于有害物质缓慢地透过树林被过滤吸收，在另一面布置不透风式林带，以利于阻滞有害物质，使其向外扩散。饲养区的禽、畜类有臭气，周围应设置绿化隔离带，特别在主风向上侧宜设置不透风的隔离林带1～3条，在树种选择上，常绿树占60%以上，适当搭配一部分香花树种，切忌种植有毒、有刺植物，避免牲畜、禽类食后中毒。

②护村林。主要起防风的作用。林带应与主风向垂直，或有30°的偏角，每条林带宽度不小于10米。

（3）附属绿地规划

附属绿地为附属于建设项目中的绿地。建设项目的性质千变万化，绿化的场所不同，绿化的要求也各不相同，所以，附属绿地规划应根据具体项目要求进行规划。常见的附属绿地主要有街道绿化、居住区绿化、公共建筑绿化等。

①街道绿化

街道绿化是街景的重要组成部分，必须与街道建筑及周边环境相协调，不同的地段配合不同的街道绿化。美丽的街道绿化不仅为村庄增加绿色，使村庄面貌美观，还能起到净化空气、减尘、降噪、降温、改善小气候、防风、防火、组织交通、保护路面等作用。它连接村庄的各个功能区，从而形成村庄绿化的骨架。

由于行道树长期生长在路旁，下部根系受到路面和建筑物的限制，上部树冠又不断受到尘土和有害气体的危害，因此，必须选择那些生长快、寿命长、耐贫瘠土壤并具有挺拔树干、冠大的树种；而在较窄的街道则可选用冠小的树种；在高压电线下应选用干矮、树枝开展的树种；南方可选用四季常青、花果兼美的树种。为了避免污染，最好不要选用那些有落花、落果、飞毛的树种。常用的街道绿化树种有华山松、油松、银杏、悬铃木、樟树、槐树、柳树等。行道树的栽植方式应根据街道的不同宽度、方向、性质而定。在这一情况下可采取单行乔木或两行乔木等种植方法，如表 3-9 所示。

表 3-9　行道树种植方式

单位：m

栽植方式	栽植带宽度	行距	株距	采用场合
单行乔木	1.25 ~ 2	—	3 ~ 6	街道建筑物与车行道距离接近
两行乔木（品字形）	3.5 ~ 5	>2	4 ~ 6	街道旁建筑物与车行道间距不小于 8m

②居住区绿化

宅旁绿地是利用两排住宅之间的空地进行绿化的，和日常居住、生活直接相关，居民直接受益，所以，绿化效果往往较好。

居住区绿化植物配置时，要注意考虑通风、采光、防尘、阴影、遮阳等因素。一般要求朝南房间离落叶乔木有 5 米距离，房屋朝北部分选择抗风耐阴的树种，如女贞、夹竹桃、柏等，距离外墙至少 3 米；住宅朝东、朝西部分，可考虑行植或散植乔木，也可以种植攀缘植物，如爬山虎等，以减轻日晒。

植物配植要达到春色早到、夏可纳凉、秋能挡风、冬不萧条的效果，因此，乔、灌木的比例一般为 2∶1，常绿与落叶的比例一般为 3∶7。

③公共建筑绿化

公共建筑绿化是公共建筑的专用绿化，主要包括村委会、商店、文体场所、学校等，对建筑艺术和功能上的要求较高。其布置形式应结合规划总平面同时考虑，根据具体条件和功能要求采用集中或分散的布置方式，选择不同的植物种类。

如医院绿化可配植四季花木和发芽早、落叶迟的乔木，也可种植中草药和具有杀菌作用的植物。村委会、文体活动场所、学校应以生长健壮、病虫害少的乡土树种为主，并结合生产、教学选择管理粗放、能收实效的树种，适当配置点缀性的庭荫树、园景树和花灌木等。

（四）景观规划

1. 村口景观

村口景观风貌应自然、亲切、宜人，并能充分体现地方特色与标志性。可通过小品配置、植物造景、活动场地与建筑空间营造等手段突出景观效果。

2. 水体景观

尽量保留现有河道水系，并进行必要的整治和疏通，改善水质环境。

河道坡岸尽量随岸线自然走向，宜采用自然斜坡形式，并与绿化、建筑等相结合，形成丰富的河岸景观。

滨水绿化景观以亲水型植物为主，布置方式采用自然生态的形式，营造自然式滨水植物景观。

滨水驳岸以生态驳岸形式为主，因功能需要采用硬质驳岸时，硬质驳岸不宜过长。在断面形式上宜避免直立式驳岸，可采用台阶式驳岸，并通过绿化等措施加强生态效果。

3. 道路景观

道路两侧绿化以乔木种植为主、灌木为辅，有效避免城市化的绿化种植模式和模纹色块形式。

4. 其他重点空间景观

村庄其他重点空间包括宅旁空间和活动空间，宜以落叶树种为主，以利于夏有树荫、冬有阳光。

村庄宅旁空间主要绿化景观应品种适应、尺度适宜，充分利用空闲地和不宜建设地段，做到见缝插绿。

村庄活动空间以公共服务为主要功能，结合农村居民的生产、生活和民俗乡情，适当布置休息、健身活动和文化设施，形式自然、生态、简洁。

第三节 村庄基础设施规划与建设

一、村庄道路工程规划

道路在社会经济发展过程中起着非常重要作用，其承载了客货流等有形的流通，同时也承载了经济、文化、科技等无形的流通；道路既是行人和车辆的流动通道，也是布置公用管线、街道绿化，安排沿街建筑、消防、卫生设施的基础。

村庄道路承担着村庄对外联系和内部交通组织的功能，有着自身的特点。道路规划是村庄规划中构建村庄结构、体现村庄特色的重要内容，是村庄规划的重要组成部分。

（一）村庄道路的特点

村庄道路因其独特的功能和发展阶段主要呈现出以下特点：
（1）道路基础设施差；
（2）交通运输工具类型多、行人多；
（3）车辆增长快，交通发展迅速；
（4）道路体系不完善；
（5）村庄道路形式与功能不完善。

（二）村庄道路系统规划

1. 村庄道路系统规划的基本要求

在道路系统规划中，应满足下列基本要求：

（1）满足生产、生活的交通需求；

（2）满足村庄安全的要求，主要考虑消防通道、避震疏散通道和人行、车行安全；

（3）紧密结合地形，应尽可能绕过不良工程地质和不良水文工程地质；

（4）满足村庄景观的要求，考虑自然景色、沿街建筑和视线通廊等因素，塑造统一、丰富的道路景观；

（5）考虑道路纵坡和横坡设计，便于地面水的排除；

（6）满足各种工程管线布置的要求，规划建设应综合考虑管线综合规划，考虑给予管线敷设足够的用地，且给予合理安排。

2. 村庄道路系统的形式

每个村庄道路系统的形式都是在一定的历史条件和自然条件下，根据当地政治、经济和文化发展的需要，逐渐演变而形成的。因此，在规划或调整道路系统时，采用的基本图形也应根据当地的具体条件，本着"有利于生产，方便生活"的原则，因地制宜，合理、灵活地选择，绝不能单纯地为了追求整齐平直和对称的几何图形等来生搬硬套某种形式。

目前村庄常用的道路系统可归纳成三种类型：方格网式（也称棋盘式）、自由式、混合式。前两种是基本类型，混合式道路系统是由基本类型组合而成。

（1）方格网式（棋盘式）

方格网式道路系统其最大的特点是街道排列比较整齐，基本呈直线，街坊用地多为长方形，用地经济、紧凑，有利于建筑物布置和识别方向。从交通方面看，交通组织简单便利，道路定线比较方便，不会形成复杂的交叉口，车流可以较均匀地分布于所有街道上，交通机动性好，当某条街道受阻车辆绕道行驶时其路线不会增加，行程时间不会增加。

这种道路系统也有明显的缺点，它的交通分散，道路主次功能不明确，交叉口数量多，影响行车畅通。与此同时，由于是长方形的网格道路系统，因此，使对角线方向交通不便，行驶距离长，曲度系数大。

方格网式道路系统一般适用于地形平坦的村庄，规划中应结合地形、现状与分区布局来进行，不宜机械地划分方格。

（2）自由式

自由式道路系统是以结合地形起伏、道路迁就地形而形成的，道路弯曲自然，无一定的几何图形。这种形式道路系统的优点是充分结合自然地形，道路自然顺适，生动活泼，可以减少道路工程土石方量，节省工程费用。其缺点是道路弯曲、方向多变，比较紊乱，曲度系数较大。由于道路曲折，形成许多不规则的街坊，影响建筑物和管线工程的布置。同时，由于建筑分散，居民出入不便。

自由式道路系统适用于山区和丘陵地区。由于地形坡差大，干道路幅宜窄，因此，多采用复线分流方式，借平行较窄的干道来联系沿坡高差错落布置的居民建筑群。在这样的情况下，宜在坡差较大的上下两个平行道路之间，顺坡面垂直等高线方向，适当规划布置步行梯道，以方便居民的交通和生活。

（3）混合式

混合式道路系统是结合村庄的自然条件和现状，力求吸收基本形式的优点，避免其缺点，因地制宜的规划布置村庄道路系统。

事实上，在道路规划设计中，不能机械地单纯采用某一类形式，应本着实事求是的原则，立足地方的自然和现状特点，综合采用方格网式、自由式道路系统的特点，扬长避短，科学、合理地进行村庄道路系统规划布置。

3. 道路横断面设计

（1）道路宽度的确定

道路横断面的规划宽度称为路幅宽度，它通常指道路用地总宽度，是车行道、人行道、绿化带以及安排各种管（沟）线所需宽度的总和。

村庄道路不同于城市道路，其断面形式应结合自身特点设计。首先从村庄道路的交通量来看，村庄内部道路很难形成连续的车流，人行和非机动车辆远远大于机动车量，因此，村庄道路设计在满足机动车通行的条件下应着重考虑人行和非机动车的通行。

村庄主要道路：双向两车道即可满足机动车通行，为保证交通通畅应考虑一条路边停车带，机动车道宽度确定为7米比较合理，非机动车道按单个自行车道1.5米计算，人行道按一侧两条步行道0.75米×2=1.5米计算，村庄主要道路绿化以行道树为主，景观路可以增加绿化带。

村庄次要道路：是一种街坊路，上接村庄主要道路、下接宅间路。机动车道宽度不宜小于4米，以满足消防通道要求，同时次要道路应设置人行道，如果条件限制，可设置单侧人行道，人行道宽度不宜小于1.25米。

宅间路：其设计在满足消防通道的条件下，应偏向于步行道设计。考虑防火功能要求，一条宅间路的长度不宜超过75米；宅间路与建筑之间应留有绿化带，宅间路的绿化应以草坪、灌木和小型乔木为主。

村庄道路宽度的确定还应根据村庄规模、地形条件、气候条件等具体情况作出调整。

（2）道路横坡

为了使道路上的地面雨雪水、街道两侧建筑物出入口以及毗邻街坊道路出入口的地面雨雪水能迅速地排入道路两侧（或一侧）的边沟或排水暗管，在道路横向必须设置横坡度。

道路横坡度的大小主要根据路面结构层的种类、表面平整度、粗糙度和吸湿性、当地降雨强度、道路纵坡大小等确定，一般采用1.5%～2%。路面愈光滑、不透水，平整度与行车车速要求高，横坡宜偏小，以防车辆横向滑移，导致交通事故；反之，路面愈粗糙、透水且平整度差、车速要求低，横坡就可以偏大。

（三）村庄道路的竖向规划

道路竖向规划设计是指为了满足行车安全、道路排水、减少土石方量等要求而进行的道路的高程设计。

道路的竖向设计直接反映在道路纵断面上。沿着道路中心线方向所做的垂直剖面，称为道路的纵断面。它主要表示道路路线在纵向上的起伏变化情况。对于村庄道路的纵断面设计应重点考虑道路纵坡的设计。

1. 最大纵坡

村庄道路上有相当多的非机动车辆通行，在选择道路纵坡值时，应着重考虑非机动车安全行驶的要求。一般纵坡宜控制在 2.5% ~ 3%，且坡长在 200 ~ 300 米。对下穿铁路的地道桥引道，由于可将机动车、非机动车道分开设置，则可令非机动车纵坡在 2.5% 以内，机动车道则容许采用 3% ~ 4% 的纵坡。

2. 最小纵坡

为了保证路面雨雪水的通畅排除，道路纵坡也不宜过小。所谓最小纵坡就是指能满足排水需要的最小纵坡度，其值随路面类型、当地降雨强度以及雨水管道的管径大小、路拱拱度等而变化，一般在 0.3% ~ 0.5%。当确有困难、纵坡设置需小于 0.3% 时，应做锯齿形街沟或采用其他措施排水。

二、村庄给水排水工程规划

村庄给水排水规划的主要任务是用可持续发展的观念，经济合理、长期安全可靠地供应人们生活和生产活动中所需要的水以及用以保障人民生命财产安全的消防用水，并满足人们对水量、水质和水压的要求；同时组织排除（包括必要的处理）生产污废水、生活污水和雨水。做到水有来源、排有去处，满足生产需要，方便居民生活，改善村庄环境，为发展生产和提高人民生活水平服务。

（一）给水工程规划

村庄给水工程规划的主要内容包括用水量的预测；确定给水方式；制定供水系统的组成；合理选择水源，确定取水位置及取水方式；选择水厂位置、水质处理方法：布置输水管道及给水管网等。

1. 村庄需水量预测

农村用水主要包括居民生活用水、畜禽饲养用水、公共建筑用水、乡镇工业用水和未预见用水。村庄给水系统总的用水量为上述各项用水量之和与变化系数的乘积。根据最高日用水量的时变化系数，可以计算时最大供水量。根据时最大供水量选择管网设备。

2. 给水方式

给水方式主要分为集中式和分散式两类。给水方式应根据当地水源条件、能源条件、经济条件、技术水平及规划要求等因素进行方案综合比较后确定。

村庄靠近城市或集镇时，应依据经济、安全、实用的原则，优先选择城市或集镇的配水管网延伸供水。村庄距离城市、集镇较远或无条件时，应建设给水工程，联村、联片供水或单村供水。无条件建设集中式给水工程的村庄，可选择手动泵、引泉池或雨水收集等单户或联户分散式给水方式。

3. 水源选择及其保护

给水水源可分为地下水和地表水两大类。地下水包括潜水、承压水、裂隙水、熔岩水和泉水等；地表水包括江、河、湖与水库水等。

一般来讲，地下水由于经过地层过滤且受地面气候及其他因素的影响较小，因此，它具有水清、无色、水温变化小、不易受污染等优点，但是又具有径流量小（相对于地面径流）、水的矿化度和硬度较高等缺点。

地表水受各种地表因素的影响较大，具有和地下水相反的特点。如地表水的浑浊度与水温变化较大，易受污染，但水的矿化度、硬度较低，含铁量及其他物质含量较小，径流量一般较大，且季节性变化强。

因此，在地下水水量充沛的条件下，生活饮用水水源一般采用地下水。

水源水质应满足相关要求，现状水源受到污染时应当清理整治或者重新选择水源。在选择新水源时，应根据当地条件进行水资源勘察。所选水源应水量充沛、水质符合相关要求，无条件地区可收集雨（雪）水作为水源。

4. 给水管网的布置

给水管网一般由输水管和配水管组成。输水管道不宜少于两条，但从安全、投资等各方面比较也可采用一条。配水管一般连成网状，故称为配水管网。按其布置形式可分为树枝状管网和环状管网两大类，也可根据不同情况混合布置。

（1）树枝状管网：干管与支管的布置如树干和树枝的关系。它的优点是管材省、投资少、构造简单；缺点是供水的可靠性较差，一处损坏则下游各段全部断水，同时各支管尽端易成"死水"，恶化水质。这种管网适合于村庄的地形狭长、用水量不大、用户分散以及用户对供水安全要求不高的情况。

（2）环状管网：配水干管与支管均呈环状布置，形成许多闭合环。这种管网供水可靠，管网中无死端，保证了水经常流通，水质不易变坏，并可大大减轻水锤作用，但管线总长度较大，造价高，适用于连续供水要求较高的村庄。

（二）排水规划

排水系统是指排水的收集、输送、处理和利用以及排放等设施以一定方式组合而成的总体。

1. 村庄排水分类及排水量计算

村庄排水量主要包括污水和雨水，污水包括生活污水及生产污水。排水量可按下列规定计算：

（1）生活污水量可按生活用水量的 75% ~ 90% 进行计算；

（2）生产污水量及变化系数可按产品种类、生产工艺特点及用水量确定，也可按生产用水量的 75% ~ 90% 进行计算；

（3）雨水量可按照邻近城市的标准进行计算。

2. 排水体制选择

村庄雨（雪）水、生活污水、生产废水的排除方式，称为排水体制。有分流制和合流制两种。

（1）分流制

分流制是将雨水和污废水分开收集和排放，雨水通过沟渠就近排入附近水体，而污废水则通过管道汇集至污水处理厂，经处理后达标排放。

①完全分流制

生活污水、生产废水和雨水分为三个系统或污废水和雨水两个系统，用管渠分开排放。污废水流至污水处理厂，经处理后排放。雨水和一部分无污染的工业废水就近排入水体。这种体制适合经济发达、工业企业较多的村庄。

②不完全分流制

污废水埋暗管，雨水为路面边沟（明沟）排水。这种分流体制比完全分流制标准低、投资省，先解决污废水排放系统，等日后再完善。这种体制适合我国村庄目前的情况，重点先解决污废水排放系统，但地势平坦、村庄规模大、易造成积水的地区不宜采用。

③改良型不完全分流制

改良型不完全分流制指的是雨水排放系统采用多种形式混用，可采用路边浅沟、街巷浅沟、某些干道用路边沟加盖及分用暗管等混合方式，适合于逐步发展、规模不断扩大的村庄，组织得好则既经济又适用。

（2）合流制

合流制是将雨水和污废水统一收集、统一处理和排放；或者未经处理，直接排放入附近水体。

①直泄式合流制

雨水、生活污水、生产废水同一管渠不经处理混合，分若干排水口，就近直接排入水体。这种排水体制是最初级的排水形式。在降水少、人口不多、面积不大、无污染工业的村庄可以采用这种形式。

②全处理合流制

雨水、污水到污水处理厂处理后排放。这种方式投资大、效果小，不如分流制，缺点多于优点，很少采用。

③截流式合流制

雨水、生活污水、生产废水合流，分数段排向沿河流的截流干管。晴天时全部输送到污水处理厂，雨天时雨污混合，水量超过一定数量的部分，通过溢流并排入水体，其余部分仍排至污水处理厂。

合流制排水系统适合于雨水稀少、街道狭窄的村庄或者是排水区域内有一处或多处水体，且水体接纳污水后在其自净范围内，可以考虑采用合流制排水系统。

排水体制的选择应结合当地的原有排水设施，并综合考虑水质、水量、地形、气候等因素，从满足环境保护要求、基建投资、维护管理、今后发展各方面综合考虑来确定。总之，排水体制的选择应使整个排水系统安全可靠和经济适用。

3. 排水系统形式和管沟布置

（1）村庄排水系统的平面布置形式

村庄排水系统的平面布置形式主要有以下几种：

①集中式排水系统

全村庄只设一个污水处理厂与出水口，这种方式对村庄很适合。当平坦、坡度方向一致时可采用此方式。

②分区式排水系统

山区村庄常常由于地形条件将村庄划分成几个独立的排水区域，各区域有独立的管道系统和出水口。

③区域排水系统

几个相邻的村庄，污水集中排放至一个大型的地区污水处理厂。这种引水系统能扩大污水处理厂的规模，降低污水处理费用，能以更高的技术、更有效的措施防止污染扩散，是我国今后村庄排水发展的方向，特别适合于经济发达、村庄密集的地区。

（2）排水沟管的布置

雨水排放可根据当地条件，采用明沟或暗渠收集方式；雨水沟渠应充分利用地形及时的就近排入池塘、河流或湖泊等水体，并应定时清理维护，防止被生活垃圾、淤泥淤积堵塞。

有条件的村庄宜采用管道收集生活污水，应根据人口数量和人均用水量计算污水总量，并估算管径，管径不应小于150毫米。污水管道应设置检查井。

4. 污水处理设施

有条件且位于城镇污水处理厂服务范围内的村庄应建设和完善污水收集系统，将污水纳入城镇污水处理厂集中处理；位于城镇污水处理厂服务范围外的村庄，应联村或单村建设污水处理站。

无条件的村庄可采用分散式排水方式，结合现状排水，疏通整治排水沟渠，并应符合下列规定：①雨水可就近排入水系或坑塘，不应出现顺水倒灌农民住宅和重要建筑物的现象；②采用人工湿地等污水处理设施的村庄污水可与雨水合流排放，但应经常清理排水沟渠，以防止污水中有机物腐烂，影响村庄环境卫生。

污水处理站的选址应布置在夏季主导风向下方，村庄水体的下游，地势较低处，便于污水汇流入污水处理站，不污染村庄用水，处理后便于向下游排放。它和村庄的居住区有一段防护距离，以减小对居住区的污染。如果考虑污水用于农田灌溉及污泥肥田，其选址则相应地要和农田灌溉区靠近，便于运输。

人工湿地适合处理纯生活污水或雨污合流污水，占地面积较大，宜采用二级串联。

三、村庄电力、通信工程规划

（一）电力工程规划

1. 电力工程规划的基本要求

（1）电力工程规划主要解决的问题

①电力负荷的分布：确定村庄各类用电量、用电性质、最大负荷和负荷变化曲线等；

②确定电源：一般来讲，村庄的电源是附近的变电站（所）；

③布置电力网：确定电力网电压等级、走向；变电站（所）的容量和位置。

（2）电力工程规划的基本要求

①满足村庄各部门用电及其增长的需要；

②保证供电的可靠性；

③保证良好的电能质量，特别是对电压的要求；

④要节约投资和减少运行费用，达到经济合理的要求；

⑤注意远近期规划相结合，以近期为主，考虑远期发展的可能；

⑥规划要便于实施，不能一步实施时，要考虑分步实施。

2. 村庄电力负荷

根据村庄用电的特点，一般分为农业用电、工业用电、市政及生活用电三类。

（1）农业用电

农业用电一般是用作农业排灌、农业生产、农副产品加工和畜牧业等。规划用电负荷的计算，通常根据调查的农业用电器具的类型、数量、用电量的大小、使用时间等来计算，也可根据每耕种一亩地、饲养一头牲畜的用电定额来计算。

（2）工业用电

一般根据工业企业提供的用电数据，并根据它的生产量校核。对尚未涉及和提不出用电量的企业，可根据典型设计或同类企业的用电量来估算。

（3）市政及生活用电

要按人均用电指标计算或本乡镇逐年负荷增长比例制定的指标，也可按不同用电户分别计算。

3. 电源的选择及线路布置

（1）电源的选择

村庄用电电源一般由附近变电所（站）供给。其作用为将区域电网上的高压变成低压，再分配到各用户。这种供电是区域电网（大电网）供电。一般区域电网技术先进，具有运行稳定、供电可靠、电能质量好、容量大、能够满足用户多种负荷增长的需要以及安全经济等优点。

（2）电力线路布置

村庄电力线多为架空线路，主要分为送电线路和配电线路。送电电路电压等级一般为110千伏或35千伏，配电电压高压为10千伏、低压为220伏或380伏。

在村庄供电规划过程中，电力线路的布置应满足用户的用电量，以保证各级负荷用户对供电可靠性的要求，保证供电的电压质量以及在未来负荷增加时有发展的可能性。

（二）通信工程规划

1.通信工程的分类和特点

村庄通信工程包括电信通信、广播电视、宽带网络和邮政通信。目前，农村通信工程发展迅速，呈现出以下特点。

（1）随着移动通信的普及，固定电话用户迅速下降；

（2）有线电视逐步进行数字化改造；

（3）宽带网络发展仍处于起步阶段，普及率低；

（4）邮政网络基本全覆盖，但是投送效率较低，村民可选择余地小。

2.农村通信工程的发展重点

以目前的发展趋势看，农村电信通信的重点包括以下几方面：

（1）提高移动通信的覆盖率和服务质量；

（2）提高宽带网络的普及率，打开农村居民迅速了解外部资讯的窗口；

（3）加强农村邮政基础设施建设和邮政物流的发展；

（4）推进提高有线电视普及和数字化改造。

四、村庄综合防灾规划

村庄灾害是一种由人或自然引起的造成村庄设施破坏、人员伤亡、财产损失、影响村庄的社会秩序并导致人们心理恐慌的特殊现象。导致灾害发生的因素很多，自然因素方面，如气象中的大风、暴雨、暴雪、冰冻、大雾，地质因素中的滑坡、地面沉降、地震等。此外，存在较多的人为因素或技术原因造成的灾害隐患，如火灾、交通事故、化学事故等。在众多灾害中，火灾、洪涝、气象灾害、地质破坏四大灾害是危害农村频率最高、危害性最大的灾害种类。

由于村庄自身的规模小、经济实力弱，对灾害的防治能力也相对较弱，因此，需上级政府统筹协调村庄防灾减灾工作，并予以支持。针对美丽乡村的规划与建设，主要对村庄建设与整治过程中的消防、抗震、防洪（涝）、地质灾害和气象灾害防治等做相关阐述。

（一）消防规划

村庄规划与建设必须严格按照各种建筑类型确定防火间距，结合旧房整治改造，提高耐火能力，拓宽消防通道，合理布局消火栓，增加水源，为灭火创造有利条件。

1.村庄格局与消防安全

（1）村庄内生产和储存易燃易爆危险品的工厂、仓库应单独布置在村庄常年主导风向下风向或相对独立的安全地带；与居住、医疗、教育、集会、市场之间的防火间距不应小于50米。严重影响村庄安全的工厂、仓库、堆场、储罐等必须迁移或改造，采取限期迁移或改变生产使用性质等措施，以便于消除不安全因素。

（2）合理确定输送甲、乙、丙类液体，可燃气体管道的位置，严禁在其主管上修建任何建筑物、构筑物或堆放物资。管道和阀门井盖应有明显标志。

（3）合理选定液化石油气供应站瓶库，汽车加油站，煤气、天然气调压站，沼气池及沼气储罐的位置。燃气调压设施或气化设施四周安全间距需满足燃气输配的相关规定。

（4）居住区和生产区距林区或草原边缘的距离不宜小于300米。打谷场和易燃、可燃材料堆场，汽车、大型拖拉机车库，村庄的集贸市场或营业摊点的设置应符合《农村防火规范》（GB50039）的有关规定。

（5）在人口密集区域应布置规划避难场所，原有耐火等级低、互相毗邻的建筑密集区或大面积棚户区应采取防火分隔，提高耐火性能，开辟耐火隔离带和消防通道，增设消防水源，改善消防条件，消除火灾隐患。

（6）村庄应设置普及消防安全知识常识的固定宣传栏，易燃易爆区应设置安全警示标志。

2.村庄建筑整治中的防火规定

村庄厂房和民用建筑的耐火等级、允许层数、防火间距、允许占地面积及建筑构造防火要求应符合农村建筑防火的有关规定。

表3-10　民用建筑的防火间距

单位：m

建筑类别	一、二级	三级	四级
一、二级	6	7	9
三级	7	8	10
四级	9	10	12

耐火等级低的老旧建筑有条件的逐步改造或更新，采取提高耐火等级等措施消除火灾隐患。

村庄建筑电气应做接地，配电线路应安装过载保护和漏电保护装置，电线宜采用钱槽或穿管保护，不应直接敷设在可燃装修材料或可燃构件上，当必须敷设时应采取穿金属管、阻燃塑料管保护。

存在火灾隐患的公共建筑，应根据《建筑设计防火规范》（GB50016）等国家相关标准进行整治改造。

村庄应积极采用先进、安全的生活用火方式，有条件的应积极推广沼气和集中供热。火源和气源的使用管理应符合农村建筑防火的有关规定。

保护性文物建筑应建立完善的消防设施。

3. 村庄消防供水

（1）村庄具备给水管网条件时，管网及消火栓的布置、水量、水压应符合《建筑设计防火规范》（GB50016）及农村建筑防火的有关规定：利用给水管道设置消火栓，间距不应大于120米；

（2）不具备给水管网条件时，应利用河湖、池塘、水渠等水源进行消防通道和消防供水设施整治；利用天然水源时，应保证枯水期最低水位和冬季消防用水的可靠性；

（3）给水管网或天然水源不能满足消防用水时，宜设置消防水池，消防水池的容积应满足消防水量的要求；寒冷地区的消防水池应采取防冻措施；

（4）利用天然水源或消防水池作为消防水源时，应配置消防泵或手抬机动泵等消防供水设备。

4. 村庄消防设施配置

5000人以上村庄应设置义务消防值班室和义务消防组织，配备通信设备和灭火设施。村庄的消防机构与上一级消防站、邻近地区消防站以及供水、供电、供气、义务消防组织等部门建立消防通信联网。

5. 村庄消防通道的整治

村庄消防通道应符合《建筑设计防火规范》（GB500016）及农村建筑防火的有关规定，并应符合下列规定：

（1）消防通道可利用交通道路，应与其他公路相连通。消防通道上禁止设立影响消防车通行的隔离桩、栏杆等障碍物。当管架、栈桥等障碍物跨越道路时，净高不应小于4米；

（2）消防通道宽度不宜小于4米，转弯半径不宜小于8米；

（3）建房、挖坑、堆柴草饲料等活动，不得影响消防车通行；

（4）消防通道宜成环状布置或设置平坦的回车场。尽端式消防回车场不应小于15米×15米，并应满足相应的消防规范要求。

（二）防洪排涝

1. 村庄防洪整治的措施

（1）居住在行洪河道内的村民，应逐步组织外迁；

（2）结合当地江河走向、地势和农田水利设施布置泄洪沟、防洪堤和蓄洪库等防洪设施。对可能造成滑坡的山体、坡地，应加砌石块护坡或挡土墙。防洪（潮）堤的设置应符合国家有关标准的规定；

（3）村庄范围内的河道、湖泊中阻碍行洪的障碍物，应制定限期清除措施；

（4）在指定的分洪口门附近和洪水主流区域内，严禁设置有碍行洪的各种建筑物，既有建筑物必须拆除；

（5）位于防洪区内的村庄，应在建筑群体中设置具有避洪、救灾功能的公共建筑物，并应采用有利于人员避洪的建筑结构形式，以满足避洪疏散要求。避洪房屋应依据《蓄滞洪区建筑工程技术规范》（GB50181）的有关规定进行整治；

（6）村庄防洪救援系统应包括应急疏散点、救生机械（船只）、医疗救护、物资储备和报警装置等；

（7）村庄防洪通讯报警信号必须能送达每户家庭，并能告知村庄内的每个人。

2. 村庄防涝整治措施

（1）村庄应选择适宜的防内涝措施，当村庄用地外围有较大汇水汇入或穿越村庄用地时，宜用边沟或排（截）洪沟组织用地外围的地面汇水排除；

（2）具有排涝功能的河道应按原有设计标准增加排涝流量校核河道过水断面；

（3）具有旱涝调节功能的坑塘应按排涝设计标准控制坑塘水体的调节容量及调节水位，坑塘常水位与调节水位差宜控制在 0.5 ~ 1.0 米；

（4）排涝整治应优先考虑扩大坑塘水体调节容量，强化坑塘旱涝调节功能。

（三）防震

位于地震基本烈度六度及以上地区的村庄整治规划，应根据国家和地方相关规定及工程地质资料作出综合评价。对震后可能发生的次生灾害进行预测和制定措施，按照地震设防烈度确定设防标准、设置疏散通道和避难场地。一般采取以下措施：

（1）建筑应选择对抗震有力的场地和基地，严禁在断裂、滑坡等危险地带选址，宜避开软弱黏性土、液化土、新迁填土或严重不均匀土层地段；

（2）安排多个道路出入口，主要道路的通行宽度宜保持在不小于 4 米，并设供疏散避难的小型广场和绿地；

（3）采取措施以确保交通、通信、供水、供电、消防、医疗和重要仓库的安全，为震后恢复提供条件；

（4）对高密度、高危险性村区及抗震能力薄弱的建筑应制定分区加固、改造或拆迁措施，综合整治，对村庄中需要加强防灾安全的重要建筑，并进行加固改造整治；

（5）地震设防区村庄应充分估计地震对防洪工程的影响，防洪工程设计应符合《水工建筑物抗震设计规范》（SL 203）的规定。

（四）地质灾害

对村庄危害较大的地质灾害有崩塌、滑坡和泥石流等，主要发生在山区；塌陷和沉降灾害主要发生在矿区和岩溶发育地区。地质灾害综合整治应采取以下措施：

（1）应根据所在地区灾害环境和可能发生灾害的类型重点防御，山区村庄重点防御边坡失稳的滑坡、崩塌和泥石流等灾害，矿区和岩溶发育地区的村庄重点防御地面下沉的塌陷和沉降灾害；

（2）地质灾害危险区应及时采取工程治理或者搬迁避让措施，以保证村民的生命和财产安全。地质灾害治理工程应与地质灾害规模、严重程度以及对人民生命和财产安全的危害程度相适应；

（3）地质灾害危险区内禁止爆破、削坡、进行工程建设以及从事其他可能引发地质灾害的活动；

（4）对可能造成滑坡的山体、坡地，应加砌石块护坡或挡土墙。

（五）气象灾害

1. 村庄防风减灾整治

（1）风灾危险性为C类、D类地区的村庄建设用地选址应避开与风向一致的谷口、山口等易形成风灾的地段；

（2）村庄内部绿化树种的选择应满足抵御风灾正面袭击的要求；

（3）防风减灾整治应根据风灾危害影响，按照防御风灾要求和工程防风措施，对建设用地、建筑工程、基础设施、非结构构件统筹安排进行科学合理的整治，对于台风灾害危险地区的村庄，应综合考虑台风可能造成的大风、风浪、风暴潮、暴雨洪灾等防灾要求；

（4）风灾危险性C类和D类地区的村庄应根据建设和发展要求，采取在迎风方向的边缘种植密集型防护林带或设置挡风墙等措施，以减小暴风雪对村庄的威胁和破坏。

2. 村庄防雪灾整治

（1）村庄建筑应符合《建筑结构荷载规范》（GB50009）的有关规定，并应符合下列规定：

①暴风雪严重地区应统一考虑村庄防风减灾的整治要求；

②建筑物屋顶宜采用适宜的屋面形式；

③建筑物不宜设高低屋面。

（2）根据雪压分布、地形地貌和风力对雪压的影响，划分建筑工程的有利场地和不利场地，合理布局和整治村庄建筑、生命线工程和重要设施。

（3）雪灾危害严重地区的村庄应制定雪灾防御避灾疏散方案，建立避灾疏散场所，对人员疏散、避灾疏散场所的医疗和物资供应等作出合理规划和安排。

（4）雪灾危害严重地区要建立预警机制，加强与气象部门的沟通联系及时掌握天气变化机制。

3.村庄避雷、防雷整治

雷暴多发地区村庄内部的易燃易爆场所、物资仓储、通信和广播电视设施、电力设施、电子设备、村民住宅及其他需要防雷的建(构)筑物、场所和设施,必须安装避雷、防雷设施。

第四章 民居建筑规划设计

第一节 民居建筑整体设计思想

一、民居建筑设计的现实需求

（一）城乡统筹发展，美化乡村建设的需求

当前我国处于社会经济发展转型关键时期，从城乡统筹发展的高度，社会经济发展重点逐步向乡村和小城镇倾斜。尤其我国乡村蕴藏着巨大的发展潜力，近年来社会各界关注乡村发展，物流经济、创客企业、旅游经济都在乡村蓬勃发展起来。与经济发展相适应的，是乡村的物质环境建设。民居建筑是乡村物质空间的主体，优美舒适而又富有传统地域文化特色的民居建筑，是当前村镇建设中最基本的需求。

（二）城镇化发展，改变贫困荒芜的乡村面貌的需求

随着城镇化建设的加快，原有村民分散居住，许多村民搬迁至新型镇区，仅有少数老人留守，农民自建的民宅缺乏统一的规划和设计，且部分破旧倒坍或储藏杂物，或做养殖用途，有些建筑年代久远局部倒塌，村容村貌及卫生状况堪忧，缺乏管理，安全情况不甚理想，改变荒芜的农村面貌是目前的当务之急。

（三）建设集约型社会的需求

农村老旧住宅大量存在，有些虽然仍处于设计寿命期，但功能、设施、外观已不能满足当前需要，如何在已有的限制条件下为旧建筑注入新的生命力，完成农村旧建筑的改造成为近几年来关注的热点问题。建筑建造以及使用过程中会带来环境污染，需要节能减排。倡导改建，可以比新建建筑节省主体结构的费用，而这占总资金的绝大部分，且原有的基础设施可继续利用，建设周期短，经济回报率高。尽可能地节约资源和减少资源消耗，并获得最大的经济和社会收益，旧建筑改造是最理想的途径。

二、民居建筑设计思想

相对于城市建筑，乡村民居建筑更富有中国特色，设计应当遵循尊重地域文化、生产与生活相结合、传统与现代相结合的整体设计思想。

（一）尊重地域文化

地域文化是民居建筑的灵魂，设计中要深入地研究体会地域文化的综合体现，在地理自然环境、民俗生活、信仰与民居建筑之间的密切关系方面，向传统文化学习。民居建筑充分反映了当地的生活习惯和文化传承，建造方式可能是原始的，但适应当地气候。农村建筑相比城市设计而言随意性较大，建筑风格不统一，设计需要根据建筑物的现状条件梳理归类，分别对待。无论保留还是拆除、改建还是扩建，都不能简单粗暴地照搬城市建筑。传统处理建筑材质特性的表现方式是地域建筑文化的基本语汇。建筑师要虚心向民间学习，学会充分利用建筑材质特性因素，使建筑更加紧密地植根于地域环境，形成对地域建筑文化的延续，要珍爱每一个乡村里的人文情感。在许多项目改造时，虽然镇上的新房干净又卫生，许多农村的老人还是不愿搬走，因为他们见证了农村发展的历史和延续性，在广袤的农村心灵可以得到慰藉，对这种空间和时间上的文化认同构成了情感归宿。建筑只有承载并延续物质和非物质文化资源，才能与环境共鸣。

（二）生产与生活相结合

乡村民居建筑与城市住宅最大的差异就是：在乡村中生产与生活通常是叠加在一个空间的，最简单的例子就是农业生产工具在民居内存放使用。传统的农业、手工作坊等都是与民宅在一起的，即便是现在，年轻的创客一族给乡村注入新的活力，民宅也是重要的生产资料。民居建筑的设计要充分结合乡村发展特色，在满足乡村发展的经济产业定位的同时又能够充分满足居住生活需求。民居是乡村组成的重点内容，乡村的发展还是要依靠大量的农民，要解决三农问题也需要民居建筑与之相适应。

（三）传统与现代相结合

乡村发展最重要的表现是人居环境的改善。传承传统文化的同时，满足现代生活需求，这是现阶段乡村发展的共识。尊重传统生活习俗，保护优美的村庄风貌，同时引入现代服务设施，大大改善居住舒适度，是乡村民居设计的根本目标。

三、民居建筑设计手法

（一）本土设计

本土设计是根植于地域文化沃土之中的一种建筑思考。建筑设计大师崔恺先生创建本土设计工作室，对本土设计给出了诠释："本土设计关注的是在特定的环境中寻求具体的特色。与国际上地域主义有所区别，也不同于重视建筑传统形式相关性的文脉主义，是以现时现地为本，从传统文化中汲取营养。本土设计涉及社会政治、经济状态，地域文化脉络、科学技术的基础、土地、环境资源、气候资源，生物材料资源等。通过立足本土的理性主义思考，生发出多元化的建筑创作，其中包括生态建筑、地景建筑、文脉建筑等一系列多样化的建筑类型，所以，这不是导向特定的一类建筑，而是呈现出非常丰富的一种建筑多元化的景象。"崔恺先生还明确指出，本土设计不是指乡土主义，主张本土文化的创新，反对保守与倒退，建筑不是个人的作品，而应属于土地。所以，在项目设计中，追求在满足建筑基本诉求的基础上给予适合的本土特色。

（二）生态设计

乡村建筑改造生态设计的目标是绿色居住。典型的农村住宅，开敞的院落、充足的自然光、原生的材质和充足的绿植等就是绿色居住理念的体现。使用环保产品，质量可靠、安全。而更深层次的绿色居住是追求可持续的生活方式，它意味着更少的能耗，更精简的需求，更朴素的美学主张。在改建过程中，将环境因素纳入设计之中，从产品的整个生命周期减少对环境的影响。从保护环境角度考虑，减少资源消耗、从经济角度考虑，降低成本。大量使用乡土物种以及水体净化等生态措施，设计可充分利用建筑旧材料（包括旧砖瓦的再用），节约造价、倡导低成本维护等生态理念，建筑物的节能设计以及大面积可渗水的地砖铺地，利用自然调节和净化能力，以降低对环境的不良影响。

（三）节能设计

农村既有建筑节能改造是指对农村或乡镇地原有能耗较高的建筑物进行结构、设施、使用条件等方面采取降低能源消耗、有效利用可再生能源、提升建筑物舒适度的改造活动。

目前，我国农村地区既有建筑面积要多于城市既有建筑面积，而且实际盖起来的房子节能要求均低于城市建筑，加上农民的节能意识都普遍较低，农村既有建筑的节能潜力远大于城镇既有建筑。既有建筑在农村可改造的主要方向为：围护结构改造、灶具改造、取暖设施改造、可再生能源利用。最关键的一点是要培养节能意识，养成良好的节能习惯。

第二节　民居改造设计

我国乡村的现状是民居占地过多过大，一户多宅情况较多。一方面，充分利用现有民居，控制乡村无序蔓延，保护耕地资源，是乡村建设重要任务。与之相适应的，乡村民居建筑设计的一个重要内容也是民居改造，尤其是大量有珍贵文化价值的传统民居建筑的改造；另一方面，由于前一阶段乡村快速建设，大量近年建设的缺乏风貌特色的农村"火柴盒"房屋，在未来乡村建设中属于鸡肋，其建筑质量较好，拆除则浪费，保留又大煞风景，与村庄自然环境和传统文化格格不入，需要进行美化改善，进而提升村庄审美文化，改善村容村貌。

一、传统民居修缮与改造设计

传统民居在我国乡村现存建筑中占有较高的比例，近年来，随着历史文化名镇名村、传统村落等文化保护工作的不断推进以及乡村民宿旅游产业发展，对传统民居的改造越来越多地得到社会关注。其中，各级文物保护单位、历史建筑类的民居，在文物以及相关保护的法规条例中有明确保护修缮要求，在保护修缮之后恢复原貌，即"修旧如故"原则，由专业部门参与修缮设计和施工。本节所涉及的传统民居改造对象，是除以上文物保护单位、历史建筑等保护类民居之外的，具有传统特色的民居建筑。

传统民居修缮改造首先需要进行评估和结构测算，一般可以请有经验的设计师和工匠完成。评估是对其风貌特色、文化价值进行综合分析，从风貌元素、特色建造、安全结构、使用空间和生活习俗等方面，提出需要保留的内容，即"不动"的内容，之后结合村子整体发展产业定位、居民生产经营需求以及现代生活需求，在空间划分、物理性能和基础设施条件等方面提出改造设计的策略，即"可动"的内容。只有明确了"不动"与"可动"，才能进行下一步设计，其中包括需要进行的结构方式调整。传统民居改造中结构调整主要包含两种策略：第一是完全传统结构体系加固，替换破损结构构件，传统材料传统工艺，但施工技术要求较高；第二是在原结构基础上再重新植入一套新结构体系，通常可用钢结构等，组成一套新结构，甚至取代原有结构体系，使原结构成为围护体系和文化装饰体系。这种策略通常会结合现代材料运用，产生现代与传统风格的碰撞，在民宿改造设计中被大量运用。

例如，四川省某镇是历史文化名镇，未来发展定位为以居住、旅游文化休闲为主要功能的商贸型文化古镇。所选改造的民居为核心保护区内一处普通传统穿斗结构民居，改造设计首先对现状保护情况进行调查，测绘院落，并制作档案表。设计本院落可以作为茶馆餐厅或接待客栈使用，对原有穿斗结构进行加固，传统做法修缮屋顶。内部针对传统空间采光通风差等问题，拆除部分内部隔断，改善通风效果，增加楼梯，方便上下使用，并在后部改造卫生间，增加下水系统。沿街立面改造是村镇风貌整治的一项重要内容。对于以商贸经营为主的传统村镇来说，未来发展定位要突出特色，通常仍是以旅游商业为主，整治传统商业街风貌是必不可少的内容。

二、现代农房风貌改造设计

现代农房风貌改造主要是由于近年大量民间自建住宅，其中，大部分施工粗糙、缺乏设计，更与传统文化不相关，但是民居内部通常都是比较现代的设施，结构也比较稳固。这类民居改造的目的更主要的是出于美丽乡村发展实际需求，同时也是为一个地区乡村民居建设做一个范本实验。传统民居的改造属于"保外改内"，而这种现代农房改造属于"改外留内"。

例如，在甘肃某村美丽乡村整治设计中，改造主要针对近年村民自建的砖混结构水泥民居。村内传统民居强调墙面肌理传统材料美感，建筑与大山背景、地面石材、绿植的协调组合，运用墙裙、墙身、檐口三段式墙面，院内柱廊，栏杆，红黄色彩搭配，非常富有地域淳朴的民俗特色。现代建筑为混凝土框架结构体系，黏土砖填充维护，外部以水泥抹面，是村内需要进行建筑外立面整治的重点。

（1）整治手段：在整体墙身材质色彩更换以及入口大门、窗套窗台、屋顶檐口等部位进行重点装饰。墙身整体改造风格接近传统乡土建筑特色。墙身突出传统乡土特色，通过麦秸泥、黄泥用扫把刷丝等手法，形成粗糙而富有自然肌理的效果。

（2）窗效果处理：窗洞内部在原窗外侧增加一处木质窗套，酌情可增加外层窗，形成内外两层窗，加强外墙保护隔热效果。窗洞外部装饰处理，在窗台、窗楣等处增加碎砂卵石、粉刷特殊颜色等，以强化窗口。

（3）整体效果：以麦秸泥、天然石材的自然材质为墙面主体，上层土黄，色彩明快；下层暗灰，色彩沉稳。

（4）装饰效果：窗、女儿墙为重点装饰区，通过白、暗棕红、黑的对比形成视觉中心，以起到墙面点睛效果。

（5）具体手法

①麦秸泥：原水泥外墙面拉毛，挂竹片或铁丝网，增强挂泥牢固性。麦秸泥混合抹平后，主要保留天然材质色彩；

②卵石墙裙：近地面贴墙砌筑本地毛石、卵石，厚度不小于150mm。石材既增添墙面效果，同时作为上部麦秸泥的承重层，并有效避免近地面麦秸泥被碰撞或雨水浸润造成破坏；

③窗处理：在窗洞外围增加一圈白色粉刷涂料，要求色彩鲜亮、涂抹平整，与麦秸泥的粗糙形成对比。窗框外层增加黑色断桥铝窗套，形成内外双层窗，增强保温效果。突出窗洞的内凹效果，在天光下形成深投影，与外圈白色形成明显的对比，通过对比强化视觉冲击力；

④女儿墙重点装饰带：女儿墙部分划分为三段：顶部压顶——砂砾石混凝土压顶，刷白色；中段——棕红色装饰带，可由村民绘制细节纹样；下部"鼻子"——外墙麦秸泥的顶端收头处理，刷白色。

第三节 乡村现代民居设计探索

近些年，我国各地在新农村建设中探索设计了新农村户型，普遍借用城市住宅形式，让农民上楼。这种设计要与当地的社会经济和农民生产方式相适应，断不可搞一刀切全部上楼。从近年新农村建设的经验和教训看，照搬城市住宅大大破坏了乡村文化，美丽乡村建设中更应该探索的是在传统生产生活习俗的背景下新民居的设计。新民居的设计中要有传统住宅空间的继承和发展，而装饰做法和建造方式相结合，可以突出体现现代装饰审美艺术。乡村民居设计应充分体现地域文化，本节以阳城地区为例，从空间和形式两个层面探索乡村民居设计。

一、空间的继承与发展

总体要求：一是风貌延续，指规划整治延续村庄现状整体风貌，通过功能更新和完善提升村庄生活品质；二是整旧如旧，是指村庄建筑整治改造要充分尊重建筑现状，通过在现有基础上进行改造升级，使其在形式上与村庄整体风貌保持统一，在功能上实现现代宜居理念；三是新建协调，指新建建筑色彩和材质保持与村庄原有建筑协调统一，着重表达村庄传统建筑文化。

（一）院落空间

传统院落肌理的虚实变化主要体现在一种以"庭院为中心"的住宅形式上，阳城地区"四大八小"的院落空间组织为这种住宅形式的典型建筑形制。建筑外墙即是基地的边界，它对外封闭；内部则是有秩序的建筑实体和庭院空间，它们之间互相开敞。"院落空间"不仅承担着交通职能，更是一种生活、交流空间。在"院落空间"中，院的重要性和房屋的重要性是相同的，绝不只是利用房屋平面布置后剩余的外部空间，而是有意识地去创造一个完整而适用的庭院，甚至把房屋看作围合院子的组成部分。

在规划过程中，根据使用需求把空间重新进行组合，形成新的秩序。现代的生活方式与传统相比有很大的不同，不再需要遵从传统礼制的秩序，对建筑空间的利用也更加集约化。在处理空间的层次上也利用透空的景墙、花架、小品来获得空间的渗透，使得被分隔的空间保持一定程度的连通。

在地形、经济等因素的制约下以及考虑与庭院空间的交流，便形成了以"凹"形房屋围合成的庭院，而非传统礼制观念下的正房居中，四面围合。建筑不再只是采用单一的平面院落，而是发展了多种院落形式，如由多座建筑单体围合而成的"四合院"。使之不仅在传统肌理上与"四大八小"虚实肌理更为接近，同时也融入了现代生活的流线，空间组成更加符合现代生活，给整个室内空间带来通透、亮堂、大气的感觉。

为了创造出多层次的院落空间，除了主要院子，还可以设计露台，形成空中立体小院即"院落＋露台"。主要房间均朝向内院采光，室内外相互交融，客厅向内部庭院延伸，使得室内外空间相互渗透，成为富有生活趣味的室外客厅，也十分有利于邻里之间的交往。

（二）入口空间

新建筑的"入口空间"可以继承传统建筑的入口平面形态。"入口空间"有的为内嵌式，节约了宅前空间；有的与二层窗户作为整体出现，强调入口体量。同时"入口空间"与"院落空间"有机相连，廊道也为居住者提供了漫游的体验，院与室内外的模糊区分也明显区别于客厅中心型住宅那种边界明晰的做法。

（三）客厅与卧室

我国传统建筑并不以直接的空间形态来划分内部的功能，因此，传统民居各个居室的使用功能没有固定的模式，仅仅通过内部家具的摆放、装饰即可定义内部的空间属性，且常有多重属性。

传统民居的正房位于宅院中轴线上的靠北方位，象征着主人不可动摇的家长地位。正房三开间的居多，采用一明两暗的建筑形式，客厅位于明间摆设长几、挡屏、自鸣钟、书桌。两侧暗间通过木质格栅与客厅相隔。其中一个房间放置祖先牌位和神位；另一房间多筑前炉后炕或放置睡床，冬季取暖用煤火。厢房的建筑规格、工料、装修比正房的等级低一些，通常为晚辈居住。

由于客厅使用时间长、使用人数多，在保护更新设计中，应注意使其开敞明亮，有足够的面积和家居布置空间，以便于集中活动，同时还应与院落等室外空间有较为密切的联系，甚至利用户外空间当成视觉上的伸展。再者，可将客厅窗台高度适度降低，扩大窗户的面积，加强室内外的联系，扩大视野。

普通村民家庭一般有 4 ~ 6 口人，根据人口组成，设计 3 ~ 4 个卧室。考虑到居民使用的舒适性，控制卧室面积一般在 14 ~ 21m² 之间。将院落式住宅的卧室大部分布置在二层，有较好的朝向。卧室通过外廊连接，这样除了可改善乡村住宅的内部空间外，还会使造型更加丰富化。

当卧室面积能够满足家庭需要时，平面上向后退进一些，在一层的屋顶上退出一定的平台，用作露台，既有使用性又能丰富住宅立面。

家庭养老、多代同堂，是村镇家庭的一大特点。因此，针对三代、四代同堂的住户，设计老人房，将老人房布置在一层、朝南，阳光充足，有利老人健康；与此同时，老人房还邻近出入口，使之出入方便，利于交往。

（四）厨房、卫生间

传统民居中位置不利的倒座、耳房通常为服务空间，如西北角的耳房，通常用作厨房，东北角的耳房，通常用作前后两进院落的联系通道，方位最不利的耳房一般设为茅厕，其余为储藏空间。

而现代厨房、卫生间的设计是居住文明的重要组成部分，人们越来越要求其合理布置。过去呛人的油烟和杂乱的锅碗瓢盆曾经一度代表了农村厨房的形象，但随着厨房设备与燃料的改变，村民对厨房的理解和要求也就更多了。进行厨房设计，考虑到卫生与方便的统一，将厨房布置在住宅北面紧靠餐厅的位置，并有通过餐厅通往室外的出入口。厨房通风采光良好，厨房内不但有洗池、案台、灶台，而且根据"择、洗、切、烧"顺序布置成"一"字形或"L"型，以满足村民现代生活需求。

随着人民生活水平的改善和提高，卫生间的面积和设施标准也在不断提高。仅在离正房较远的室外角落里设置一个简陋而不安全的蹲坑已不能满足广大村民的要求。在更新设计中，应在室外保留旱厕的同时，在新建的低层住宅中分层设置卫生间。

二、形式的保护与更新

（一）屋顶形式

屋顶形式是民居建筑的显著特征，传统乡村建筑屋脊、屋檐等处多有刻以吉祥图案的砖雕。而屋顶上的装饰构件也集中体现传统艺术的精美，脊兽、悬鱼、惹草、博风等装饰物有宣扬人伦、孝悌、进学的礼制观念；有希冀福、禄、寿、喜的生存观念；也有追求天、地、人和谐统一的宇宙观念，它们都对屋顶轮廓的丰富起到了不小的作用。

在保护更新设计中同样引入富有中国特色的屋顶，将传统坡屋顶进行解构，用现代设计手法处理细部，把最具中国特色的元素运用其中。屋顶形式可选择以双坡屋面为主，南北向房屋屋顶高度略高于东西向。屋架可采用传统抬梁式屋顶做法，檩条和椽子采用木头，梁采用混凝土。屋顶铺瓦处理上，可使用筒板瓦屋面。装饰构件上可用一条简单的清水混凝土条取代原来做法烦琐的脊瓦、脊兽，檐口也可摒弃烦琐的椽子、斗拱，用简单的混凝土线脚取而代之。

同时，可采用双坡屋顶与屋顶露台相结合。屋顶露台通过运用轻钢构件或木构件以檩条组合排列的形式象征性表达屋顶，两者一实一虚，以合理的比例关系尺度出现在建筑立面上，使整个建筑显得有层次、有变化、有韵律感，而且具有很强的时代感。

（二）门窗样式

门窗是防风、防沙、御寒、御热、采光、通风的综合设施。房门俗称为家门，用厚木板做成，多为两扇，内安门闩和门关，是室内防盗安全措施之一。比较讲究的宅院，常建仪门，既有垂花式，也有立柱式。传统民居的窗户不仅能抵御风沙，还能装点门面。一般而言，窗格造型极为讲究，有万字格、丁字格、古钱格、冰纹格、梅花格、菱形格等。

传统民居建筑多以砖石墙体实现建筑空间的围合，以窗台和门额等来支撑门窗上部处的竖向荷载，这些部位往往采用大块完整的条石来保证门窗洞口的结构稳定性。村民们在门额、窗台等部位加入各种装饰图案，这些装饰图案基本遵循着"有图必有意，有意必吉祥"的传统民居装饰理念。古建中的窗格样式过于复杂，已不能在现代民居中推广使用，新窗户样式以简单灰色铝合金框分割玻璃，简洁大方。设计时，可根据商业、客厅、厨房、廊道等不同的使用功能要求设计不同的窗户样式，沿街店面多采用轻巧的隔扇门窗，廊道则设计长条形窗，厨卫则为上悬窗。

（三）装饰节点设计

建筑装饰是为了保护建筑构件，完善各构件的物理性能和使用功能，并美化建筑物的内外形态，采用装饰装修材料或饰物对建筑物的内外表面、空间、构造节点、细部等进行的各种处理。传统乡村建筑的装饰细节，包含着人们对生活的关注与热情，其产生与时代背景紧密相连。然而，工业化的生产模式让手工艺时代的许多东西都消失了踪迹，在当今的技术条件与审美背景下，传统装饰细节应当以怎样的姿态来延续生命呢？

一是传统细节的"不变"，即传统的手工艺细节片段在当今建筑的杂糅与拼贴手法中有了继续生存的可能性。材质无须替换，形式无须改变，手工艺细节以原始的方式拼贴于建筑中，这些片段可以带来比其自身更多的含义，可以让原来的传统建筑重新具有生命力，表达出一种内藏的关联，不影响建筑的整体性，能够使传统与现代相互协调，也使人们容易理解和接受。

在传统乡村建筑的保护更新设计中，可以选择状况较好的有保留价值的材料、构件或结构局部保留，如精细的砖雕、花棂长窗、柱础等。将其有机组织进新建筑中，可有意识地将其设置在视觉中心处，起到画龙点睛的作用。由于这些细节自身有某种程度的独立性和完整性，拼贴的片段可以按照现代的审美需求加以改造和变化，不需要墨守传统的设计规则、构图方式和连接逻辑，这样既可以体现传统的连续性，也兼具时代特点，是在新语境下对传统语汇的巧妙运用。

例如，传统民居中柱础主要用来支撑由柱子传来的重量，一般用石材制作，其形式主要有覆钵式、须弥座式、鼓式、动物式以及各种组合式等，造型丰富，式样繁多。可以将废弃的柱础用到景观中，赋予其使用的新功能，并作为石凳出现。

二是传统细节的"变"，指用当代的语言对其进行转译，存其神，去其物质形式，令其符合当代的语汇法则，又存在传统细节的感人之处。在设计中体现传统文化，对传统进行合理的继承，不能只局限于对传统形式的模仿和简单的套用符号，而是要对传统建筑文化进行深层次的挖掘，用扬弃的理念来对待传统形式。传统建筑的精髓需要在对其深层次内涵理解的基础上，用现代的手法加以提炼概括、抽象演化，完成传统建筑形式的现代继承。

第四节　节能技术在民居中的应用

我国三大能源消耗主要是建筑能耗、工业能耗、交通能耗，建筑能耗约占社会总能耗33%。乡村建筑能耗在整个建筑能耗中所占比重越来越大。改革开放以来，我国广大农村地区主要以柴草、农作物等生物能源作为取暖、做饭等生活用能，其在农村建筑能耗中占很大比例，耗能量巨大，不仅造成资源的浪费，而且也造成环境的污染，与建设节约型新农村的"中国梦"相违背。

目前，我国建筑节能技术的研究大多集中在城市，然而，乡村建筑的特点、农民的生活作息习惯及技术经济条件等，决定了农村居住建筑在室温标准、节能率及设计原则上都不同于城市居住建筑。住建部2010年4月发布了要求对农村居住建筑进行节能改造的文件，标志着我国真正意义上对农村地区的建筑节能改造工程的开始。随着新农村建设的开展，我国2012年颁布了《农村居住建筑节能设计标准》（GB/T50824—2013），于2013年实施。

目前，我国乡村建筑的节能设计和节能改造研究正处于起步阶段，各地都处于尝试探索阶段。节能技术与自然环境密切相关，设计中需要综合考虑日照、空气湿度、风向、温度、自然地质条件和建造材料以及建筑与山地、湖泊、林木、生物等多方面的相互影响，在选址、建造上需要综合运用多学科结合。国外在节能技术方面有很多丰富经验，尤其在建筑的造型和构件设计等方面，有高科技在建筑上的运用，即"高技派节能"，也有传统乡土建造材料与流体力学等学科知识的综合，即"被动式技术节能"。我国传统乡村有很多被动式节能技术经验，而现代城市中多研制高技术节能，乡村建筑设计中应首选适用于本地自然环境条件的技能技术。节能技术的运用具有明显的地域特色，本节以北方地区和西南成都地区为例，探索节能技术在民居中的设计方法。

一、北方模式

（一）节能改造的重点

节能潜力大的建筑或结构部位将是北方乡村建筑改造的重点。从建筑类型来看，重点先放在农村社区和农村公共建筑如乡村学校、医院上，然后逐步向独立民居推广。从北方农村建筑的结构部位和用能设备来看，居住建筑重点放在建筑的围护结构改造、取暖设施的改造以及炊事设施改造上，而公共建筑中的中央空调系统、智能照明系统、供暖系统以及围护结构是改造的四大重点。不管何种类型，围护结构的改造都是重中之重。

改造应该因地制宜，建筑结构体系的不同或建筑高度的不同以及位置的不同，都会导致既有建筑改造存在很大差异。采用树立典型的方法，来推动既有建筑节能改造工作的前进，具有良好的示范效应。具体做法就是：从我国北方采暖地区的农村开始，推广一批既有建筑节能改造示范工程，然后进一步完善政策制度、加强技术开发、总结工程经验、提高管理水平，这将有利于农村既有建筑节能改造的推动。

（二）主要的节能技术

北方采暖地区乡村建筑改造涉及三项内容，主要包括建筑围护结构节能改造、采暖系统分户计量及分室温控改造、室外管网平衡及热源改造。建筑围护结构节能改造和分户计量及分室温控改造同步进行能达到更好的节能效果。在进行乡村建筑节能改造时，在满足规定节能要求前提下，可以进行部分改造。但不论如何改造，只有一个目标，就是改造后的乡村居住建筑必须要达到65%的节能要求，而公共建筑必须要达到50%的节能要求。具体节能改造技术如下：

1. 围护结构节能改造技术

以建筑结构体系、围护结构构造类型、所处的气候区等因素为条件对具体改造中的建筑围护结构进行分类，不同的类型采用的围护结构改造技术侧重点有所不同。我们重点考虑那些具有保温性能好、扰民小、建筑垃圾少、施工速度快等特点的围护结构改造技术。

（1）窗户节能改造技术

外窗在所有的建筑围护结构中，它的传热系数在相同情况下是最大的，也就是说，节能潜力最大，因此，窗户是建筑节能改造过程中首要的改造对象。外窗的通风、隔声、节能和安全等性能要求会约束外窗改造和选用。一种方式是用双层玻璃窗代替原有的普通外窗，具体操作可以在原有的单层玻璃窗外域加一层玻璃，控制两层玻璃间的距离最优并且合理，在满足窗户的热工性能指标要求的同时避免层间结露。或者在原有的单玻璃窗外或内加一层新的窗户，合理确定间距并满足对窗户传热系数的要求，以有效避免层间结露；另一种方式是统一更换为满足外窗传热系数要求的新窗户。窗框与墙之间应设计有合理的保温密封构造，以减少该部位的开裂、结露和空气渗透等现象的出现。

（2）外墙保温改造技术

目前，外墙外保温系统主要包括粘贴泡沫塑料保温板外保温系统、聚苯颗粒保温浆料外保温系统、EPS板现浇混凝土外保温系统、钢丝网架板现浇混凝土外保温系统、PU喷涂外保温系统、保温装饰板外保温系统等。其中，最常用的方式是粘贴泡沫塑料保温板外保温系统，通常采用EPS、XPS、PU板作为保温材料，通过粘贴和锚固的方式固定在基墙上，外饰面一般采用涂料、面砖等材料。

（3）屋面改造技术

可以根据屋面的现有情况，采取不同的改造方式。对于防水好的屋面，直接做倒置式保温面；对于防水不好的屋面，先翻修防水层再做倒置保温屋面。这里的保温材料可以根据不同的气候区域采用不同厚度的发泡聚氨酯或者挤塑聚苯板。对于平屋面，在改造成坡屋顶并且需要节能改造时，在吊顶内敷设吸水率低的轻质保温材料，同时为了有效避免平改坡后吊顶内结露，宜在坡屋面上加铺保温层。

2. 采暖系统分户计量及分摊计量技术

该技术主要包括每家每户的热量按户计量和分室分区温度控制两个部分。在进行改造后，室内采暖系统在满足室内温度要求并且可以在一定范围内进行调节的基础上，还要能够满足分户计量以及运行管理的要求。

（1）热量分户计量技术

该技术适合于独立式室内采暖系统和地暖系统。户用热量表测量出每户的直接采暖热量使用量，从而取代原来按照总表按面积分担或者直接按面积收费的取暖缴费模式。

（2）热量分摊计量技术

此项技术适合于安装散热器的室内采暖系统。该系统设置两套计量表，一套是设置在建筑物热力入口的楼栋热量表或热力站设置的热量表；另一套是用户的入户热量分配表。前者负责测量建筑物总供热量，后者对各用户的用热量取修正值，分摊建筑物总供热量。散热器的散热量、类型、连接方式等都是修正因素。

3. 热源及管网热平衡改造技术

虽然室内采暖系统的改造能产生比较好的节能效果，但是，锅炉和室外管网在产生热源和输送热源时还有一个锅炉运行效率和管道输送效率的问题，因此，热源端的调节手段也需要进行改造，使其与采暖系统相适应。为了提高室外管网的水力平衡性，需要进行水力平衡计算，经过计算调整使得各个并联环路之间的压力损失差值 <15%。同时为了更好地保障水力平衡，需要设置相应的阀门，以在建筑物的热力入口处设置静态水力平衡阀。

4. 太阳能节能技术

太阳能是可永续利用和无污染的能源，同时也是人类可期待的最有希望利用的能源。我国北方地区冬季较长，有着充足的日照，这为太阳能的有效利用提供了先天的优势。因此，我们应该尽可能地采取措施充分利用太阳能，这里所说的太阳能主要形式有：冬季直接利用太阳能，即在农村低层建筑的南面设置阳光间，增加建筑接收到的太阳辐射；进行太阳能的间接应用，即通过太阳能集热器进行太阳能的利用。在建筑屋顶平屋顶改坡屋顶时，屋顶坡度保持一个合理的角度，让屋顶的太阳能集热器以最佳坡度吸收太阳辐射，屋顶和集热器合二为一；除了原有的利用太阳能提供生活热水、太阳灶外，进一步开发太阳能的其他应用，如光伏电池、建筑照明系统提供光源等形式。

5. 热泵供暖技术

热泵供暖技术主要包括地源热泵技术和水源热泵技术。地能供暖技术主要集中在对100m 以内的浅地层的地能资源的收集，也叫＝称为地源热泵技术。这一范围地质结构既有黏土也有砂土，砂土中既有粗砂也有细砂，还有卵石加砂，有的甚至是基岩，由于地质结构是多样的，不同的地质构造，其渗水率和热导率都不同，热导率高的就适用于土壤源热泵技术，渗水率高的只适用于水源热泵技术。

6. 空调节能技术

选用高效节能空调器进行合理的安装布置，有效避免设在阳光直射的地方造成太阳辐射的热量大。室外机的出风口附近应能够通风良好。选用与建筑类型相适应的空调冷热源方案，当既有建筑的围护结构得到改善，室内冷负荷降低，空调负荷会大大降低。在保证建筑物的人员舒适性基础上，还能节约空调运行费。在密封好且不适合进行机械通风的建筑物中，使用无动力换气扇，可以加强自然通风，排除室内的热湿负荷，可以在一定程度上改善室内空气品质。

7.照明节能技术

建筑照明系统作为建筑能耗的一部分，随既有建筑节能改造的进行，照明系统的节能也应进行。节能的具体手段主要包括如智能控制系统、节能灯具的选用、室内灯光亮度的合理配置、照明与自然光的结合等。我国一些公共建筑的灯具选择和灯光配置不当，导致浪费能源，节能潜力很大，应积极进行改造。

二、成都模式

成都地区农村住宅多为农民自建的独栋住宅，该地区农村居住建筑的主流形式为砖混结构，少数是木结构。农村住宅设计上比较简单朴实，一般在一层布置堂屋和卧室，并在建筑主体一侧布置厨房、卫生间以及猪圈等辅助房间。二层主要布置起居室和主卧室等用房，屋顶则有不同的形式。在外墙面上，大多数农户外墙采用砂浆抹灰，甚至有些外墙不做抹灰将砌体直接暴露于外界，经济条件好的农户用瓷砖贴面装饰。室内墙面装饰较为简单，多以水泥砂浆抹面，经济条件较好的农户室内墙面使用抹白灰或涂料抹面。

（一）墙体改造

墙体是建筑物的重要组成部位，它起着承重、分隔空间和围护的作用。过去我国长期采用实心黏土砖墙，为了节能，将外墙的厚度增加，而生产黏土砖所用的黏土不仅占用大量的耕地，而且在烧制砖的时候，又消耗大量的能源，对环境造成大量的污染。农村居住建筑墙体节能改造的方法选择不仅需要选择合适的保温隔热构造，而且需要选择合适的保温隔热材料，目前砌体结构的墙体节能改造方法主要采用以下四种：外墙外保温法、外墙内保温法、墙体夹芯保温法及综合保温法。

（二）外窗改造

在建筑物中外窗的作用有很多，不仅要满足采光、日照、通风及建筑造型等功能要求，还要具备吸热、散热和保温隔热的作用。外窗的传热系数和气密性是居住建筑中决定其保温节能效果优劣的主要指标之一。一般农村既有居住建筑的窗户对这两个主要指标控制不高，造成大量的热量损失。为了既保证其使用功能，又提高窗户的保温节能性能，减少能源的消耗，主要从窗框材料和玻璃两部分入手。农村既有居住建筑可以从以下几方面改善外窗的节能效果：一是更换窗户，可以将传统的单层玻璃更换为双层真空玻璃；二是可以在原窗户的外侧直接增加窗户，采用双层真空玻璃或镀膜玻璃，传统的木窗、铝合金窗更换为塑钢窗框；三是可以结合室内装修增加窗帘；四要对窗与墙衔接位置的气密性进行排查，填堵窗墙衔接的缝隙。

（三）屋面改造

屋顶保温是为了降低居住建筑顶层房屋的采暖耗热量和改善顶层房屋热环境质量的一

项围护措施；屋顶隔热是为了降低居住建筑顶层房屋的自然室温，从而有效减少其空调能耗的维护措施。

西南地区农村居住建筑的屋面，特别是老住宅，基本都是在 20 世纪 50 年代至 80 年代建造，采用青瓦坡屋面，俗称冷摊瓦，20 世纪 90 年代以后修建的农村住宅大多为平屋顶钢筋混凝土现浇板或预制板屋面。这两类建筑的屋面一般都未做保温处理措施，夏季屋面层酷热无比，温度接近室外；冬季或者雨季，室内热量大量通过屋面传递到室外，导致室内寒冷，从而影响室内的舒适性和人们的正常居住。一般屋面构造形式大致可以分为保温隔热材料屋面、通风隔热屋面、蓄水屋面、种植屋面及其他隔热屋面。

（四）地面、遮阳改造

长期以来，农村住宅多为土地面及水泥砂浆地面，这种地面吸热性强、保温性能差，由于农民多不太重视，没有任何保温措施，热量从地面大量散失。因此，地面应设置保温层。加强地面保温处理，减少外墙基础的热传导（即减少室内热能耗）。在农村既有居住建筑地面节能改造相对适宜的措施有炉渣保温地面。炉渣保温地面是指：在夯实的原土上铺一层油毡纸做防潮层，在其上铺炉渣并夯实，再做碎砖三合土垫层，面层为水泥砂浆。

遮阳是采用相应构造和材料，与日照光线形成有利角度，遮挡阳光对玻璃的直接照射而减少室内过热的热辐射，但不减弱采光条件的手段和措施。遮阳措施在建筑节能上效果很好，特别是夏季改善室内热环境效果明显，且投资造价不高，是一种适合农村既有建筑节能的廉价技术措施。在窗外种植蔓藤植物或距窗外一定距离种树，绿化遮阳是一种经济、有效的措施，特别适用于农村地区的低层建筑。

第五章　乡村景观环境设计

乡村景观，顾名思义就是乡村区域内的景观，是相对于城市景观而言。两者的区别在于地域的划分和景观主体的不同，是乡村地区人类与自然环境连续不断相互作用的产物，包含了与之相关的生产、生活和生态三个方面，是乡村聚落景观、生产性景观和自然生态景观的综合体，并与乡村的社会、经济、文化、习俗、精神、审美意识密不可分。其中，以农业生产为主的生产性景观是乡村景观的主体。

第一节　乡村景观设计原则

一、整体性原则

乡土景观的营造并不是孤立地对某一景观元素进行表达，它是一种对乡土场景整体优化的多目标设计。在新农村乡土景观设计中，表现的是村落整体空间的布局、景观要素的表达、交通流线的组织以及地域特征的塑造、田园意境的营造和乡土文化内涵的传达。在乡土景观设计中，充分协调和组合建筑的材料和色彩，合理搭配地形地貌、村落的空间序列、道路和绿化各种组合关系，使得乡土景观的重塑和乡土意境的营造具有较强的可识别性。尽管在进行乡土景观设计的时候，构建实体的物体是其中重要的因素，但是人的因素也是不可忽视的，地域环境中的人文生活需要给予高度重视。因此，整体性原则必须对设计的方法、对象、目标和要素等内容进行高度的融合，才能创造出属于当地的乡土景观。

二、保护性原则

我们对于不同类型乡土景观保护的方法不尽相同。有些乡土景观是不可能进行原样的保护、保存；有些乡土景观也没有完全重塑的可能性。但是针对具有较好自然风貌的地带，就能够实现完全地保护，因此，在对一些较重要的区域和地段可以进行集中的保护，而对那些特色鲜明、具有历史文化价值的乡土景观需要完全地保护，不需要整治、修葺，可以就地原样保护，这既是对历史的尊重，也是对乡土景观最有效的保护和再现。鉴于此，北京大学俞孔坚教授就明确提出"反规划"的建议，"反规划"并不是真正意义上的反对规划、摒弃规划，而是指乡村的规划与设计不应该过多地关注传统建设用地的规划。虽然很多地区开始意识到乡土景观的存在价值，但是没有寻找到真正合适的方法，一味地修葺、翻新和重建，很大程度上破坏了乡土景观的原始风貌。只有全面地将乡土生活气息保存下来，才能比较客观地反映出地域特色和社会状况。

三、地域性原则

区域内的地形地貌、气候因素、建筑材料以及解决各种环境问题等的方法都是乡土景观地域性原则所重点强调的，突破表面的形式，充分挖掘出乡土材料、植物以及景观形式等背后隐藏的乡土设计思维。乡土景观的营造有了人工因素的介入，乡土植物的运用、对场地的尊重、就地取材、因地制宜等显得尤为重要，而这些都是乡土景观营造要遵循的基本法则，地域性原则还充分体现在对地域文化的提炼和区域内人们生活方式的尊重。

四、可持续发展原则

乡土景观的发展是和社会的发展密不可分的，在经济的快速发展之后，无论哪个国家都不可避免地出现了生态环境的恶化。因此，节能、环保、绿色、生态设计的概念贯彻在各个领域中，当然包括城市规划、建筑设计、景观设计等在内。在社会主义新农村建设中，生态环境应该得到最大限度的保护。从生态保护的角度来说，自然群落要比人工群落显得有生命力，需要得到更多的保护。生态环境的保护是实现乡村景观的生态效应和可持续发展最有力的保障，乡土景观文化的独特性是和其他景观的营造有着本质的区别。因此，在乡村景观设计中，应充分考虑村庄未来的建设定位以及对未来发展趋势产生的影响，给未来的村庄建设留下充足的发展空间。

五、因地制宜原则

因地制宜在乡土景观设计中强调地域特色和乡土文化的外在体现，它表达的不是一种一成不变的设计模式，而是在设计中应尽可能地使用乡土材料，表现地域风貌特点，从而使得景观与环境能够更好地融合。由于全国各地农村的自然和人文环境存在多样性，这就决定了乡土景观在设计的时候必须考虑因地制宜的原则，对不同类型的村庄需要提取出不同的设计元素，这样才能够保证乡土景观的地域性和可识别性。但是，因地制宜不能够仅仅是表现在区分不同地域内的景观，而同一地域，也要根据具体情况进行比较区别。景观最终还是需要与环境相协调，无论历史文化遗产，还是古村落景区，抑或是其周边景观的设计，在传统的传承和发展上都有一个彼此相适应而存在的平衡点。

第二节　乡村景观规划设计

一、乡村入口景观

村庄的入口是指位于村庄内部环境与外部环境过渡和连接的空间，是村庄对外形象展示的窗口。入口景观是村庄景观的开始，充分体现了村庄的文化性和标志性，担负着传达村庄特色的使命，具有"可印象性"和"可识别性"。

村庄入口的选址是在多方面因素的综合影响下确定的，在生产力水平低下的封建社会，村口的选址主要受地理环境的限制和风水思想的影响。入口的朝向依据山势和水系而定，主要选在避风、向阳的方向。在自然条件允许的地区，村庄入口还需要有自然或人工水系，如此一来不仅方便了生产、生活取水，而且陆路和水路的结合更加强了与外界的联系。

（一）乡村入口景观功能

1. 标志与分隔功能

乡村入口将村庄和周围自然环境划分开，是村庄板块和自然基质的分界点，从村口开始，自然景观成分逐渐减少，人工建筑占据的空间逐渐增多。与此同时，入口景观也是人们进入村落时观察到的第一个景观，即整个乡村景观序列的开端，一些富有特色的入口景观，会给人们留下深刻的第一印象，如黟县宏村的荷塘，几乎成为该村的标志性名片。

2. 交通与导向功能

乡村入口是村庄交通最主要的出入口，将村外的公路引入村庄内部交通网，具有组织交通、引导人流的作用。传统村庄设置卵石路面或石板路面，以满足低等级的通行要求，新建的村庄入口常根据实际情况设置有停车场，用以满足村民生活需要或作为旅游型村落的基础设施建设。

3. 休闲与集会功能

村口常常是村庄中最开阔的地域，古树和荷塘等舒适、亲切、和谐的绿地空间为村民提供了良好的休闲集会场所，一些村口设置的亭廊也是村民日常沟通的良好平台。

村庄在漫长的发展更新过程中，往往形成了具有自身独特的文化气质。入口景观的设计秉承了与当地历史文脉的一致性，是村庄文化的展示窗口，传递出村庄特有的人文气息。唐模的水口园林和宏村的南湖书院就是典型的代表。

（二）入口景观设计要素

入口景观组成要素灵活多变，没有固定模式，一般主要考虑地形、乡土建筑特色、色彩、地方材料四方面的要素。

1. 地形

地形的变化对于村庄聚落形态的影响十分明显，特别是在山区或丘陵地带。中国乡村建筑构造大多受到传统的"天人合一"的观念影响，尊重自然，不愿大兴土木改变自然地形，通常按风水常识去设计建造入口景观。

2. 乡土建筑特色

乡土建筑主要包括农村的寺庙、祠堂、住宅、学堂、商铺、村门和亭、廊、桥梁、道路等，它们是这个乡村有关历史、文化、自然、乡村人祖祖辈辈智慧的凝聚物，是构成村庄景观的重要组成部分，也是入口景观设计的重要构思来源，关于村口的设计风格要保持与整个乡土建筑风格的一致性。

3. 色彩

色彩是入口景观设计一个重要因素。过去绝大部分村庄由于没有条件来修饰建筑物，而任原材料直接裸露于外，建筑物表现为其原材料的颜色。现代的村庄在建设时能有很多的色彩选择，因此，应该注意乡村传统色彩的传承以及色彩的协调。其中，暖棕色将大大有助于使木制建筑融合于乡村半林地或稻田景观环境；明亮的木灰色是另一种可以放心使用的颜色；棕色或暗灰色的屋顶可以和土地及树干的颜色取得很好的协调感。在需要强调的一些建筑小构件上，可以少量地使用明亮的浅黄色或岩石的颜色。

4. 地方材料

使用的地方材料以及与这些材料相适应的传统结构和构造方法是保持村口景观乡土特色的重要手段。特别是以那些未经加工的天然材料或稍经加工但却仍然保持本来特色的某些材料而建造起来的民居及村庄景观，将更能充分地表现出某个地区的独特风貌。地方材料主要包括：生土、木材、瓦、石、草、竹。以这些地方材料为主，可以令游客感受到朴素、淡雅、恬静的乡村风格以及浓郁的田园风光和乡土气息。

（三）案例分析

在宿迁市罗圩乡农科村"美丽乡村"规划设计方案中，将罗圩乡农科村村口景观进行改造设计，设计要点分为以下几点：

1. 地形

农科村村口处于现状两条对外交通的交叉口处，整体地形条件较为平坦，利用交叉口的人流集散优势，在农科村村口规划设计了一个村口广场，为村民提供日常集会、交流、健身功能。

2. 乡土建筑特色

罗圩乡农科村现状村庄入口标识牌设计相对简单，没有明显的特征和亮点，也没有充分体现村庄文化。村庄入口在设计上以自然形式为主，配以景观置石和文化展示墙等硬质景观。打造富有乡村文化的特色入口景观，成为村庄的"新名片"。经规划改造后的村口标示牌指示明确、内容清晰，张贴了介绍罗圩乡农科村的村规民约和各类文化海报，更具有地方特色，也充分体现了罗圩乡农科村的整体精神文化面貌。

3. 色彩

经规划改造后的罗圩乡农科村村口屋顶色调采用暖棕色，整体建筑墙面采用木灰色。其中，暖棕色将大大有助于使建筑融合于乡村半林地或稻田景观环境；明亮的木灰色是另一种可以放心使用的颜色。

4. 地方材料

罗圩乡农科村村口建筑物、构筑物以及景观打造材料主要包括石材、瓦等建筑材料以及当地品种的草、树、花等植物，均以就近取材为农科村的建设原则，既体现了罗圩乡农科村恬静的乡村风格和浓郁的田园风光，同时也节约了村庄的建设成本。

二、乡村水景观

在乡村建设与发展过程中，关于乡村水环境及村庄滨水景观打造成为"美丽乡村"建设的重点之一，它是改善村庄生态环境、提升村庄居住环境质量的重要组成部分，也对建设生态文明、自然和谐的"美丽乡村"起到了重要的促进作用。

（一）水与传统村庄的关系

1. 水对中国传统村庄择基选址的影响

自古以来，村庄的选址都与水系有着密切的关系，"逐水而居，因水而兴"。总的来说主要由以下两个方面的原因导致：

一是物质方面，古代聚落大多选址在靠近水源的地方，既方便日常生活用水，又满足农业灌溉，同时也是进行交通运输的重要手段。秦朝时修建三大水利工程：都江堰、灵渠、郑国渠，成功地建成了"沃野千里，水旱从人，不知饥馑"的战略大后方，为统一中国、延续中华文明打下了可靠的政治、经济、物质基础。

另一方面是受中国传统风水理论的影响。以农业经济为基础的封建社会中，为了寻觅一块吉地，首先必须对自然地形进行仔细地踏勘，并对山、水等自然要素之间的相互关系认真地进行分析，以寻求生发气的凝聚点，再按负阴抱阳、刚柔相济原则综合考虑如何迎气、纳气、藏风等问题。这样，经过反复地察看与分析，一个比较理想的村落环境方能最终被选定。

2. 水对中国传统村庄营建布局的影响

村庄建设一般先有渠、后有路，路渠结合，人逐水居，路随水转。如果某个区域中的水系较为发达，村镇往往会随着主要的水系而建，根据水系与传统村庄联系形式不同，大致有并列式、相交式、包容式和穿插式四种形式。

（1）并列式

在并列式布局中，通常河流的岸线较为笔直平缓，村庄建筑顺应岸线排列，多呈带状或块状，布局比较规整。例如，重庆酉阳龚滩古镇，村庄选址在河岸线附近，除了便于交通联系外，河岸线经过长年的冲击，地势平坦，土壤肥沃，自然环境优美。

（2）相交式

相交式布局是指村庄垂直于水岸线的分布形式，垂直河岸线的村庄往往受地形条件的限制，常为连接河道和山脊山麓的道路交通而垂直河岸线布局，典型案例如，西沱古镇。

（3）包容式

包容式布局通常位于河溪汇合处，有比较方便的交通条件，联系范围广，容易形成经济贸易控制点。长期的地质构造作用与水流冲击而形成冲击坝，土地肥沃，又便于建造村庄，形成依山傍水、自然环境优美的村庄格局。例如，江津塘河古镇。

（4）穿插式

穿插式布局中通常为数条交织的水系，村庄与水系彼此穿插、相互交融，形成建筑与水和谐共生的局面。这种布局在江南水乡中最为常见，江南地区水网密布，民居依河筑屋，依水成街。典型的有苏州周庄古镇、绍兴安昌古镇等。

（二）乡村滨水景观形态

美丽乡村建设中涉及的滨水景观建设基本是在原有村庄水系、滨水环境的基础上进行改造、塑造和美化提升。这里将具备村庄滨水景观设计条件的村庄滨水环境主要划分为村庄滨湖景观、村庄滨（江）河景观和村庄其他滨水景观。

1. 村庄滨湖景观

就村庄所处水域范围而言，在我国，很大一部分村庄的始建形式以环湖、环池形态建设而成，形成了以水域形状为基本中心并向滨水外围逐步延伸的发展趋势。这类型的村庄滨水景观主要存在于村庄水域与住宅建筑之间，形成一个连续环绕的围合状态。

例如，有"国家级历史文化名村"之称的浙江省杭州市桐庐县江南镇深澳村。村庄建造初始便建造了一套完整的人工水系系统，一直沿用至今。其中暗渠的最大汇集点，就是位于村庄口的水口——一个面积约 $7800m^2$ 的池塘，该池塘满足了该村居民生活用水、养殖种植用水、防火防潮的需要，同时池塘沿岸的滨水区域也成为村民聚集、娱乐、展现村庄优良历史文化的重要场所。在美丽乡村建设过程中，该池塘也成为村庄景观改造的重要节点。

总体而言，村庄滨湖景观因为水域形态大、水面波动小、水流速度慢等特点，具有建设环境相对开阔、景观内容趋于静态、景观功能多元完善等特点。

2. 村庄滨河（溪）景观

村庄滨河（溪）景观是以江、河、溪流等带状水系为基础发展起来的滨水景观，在景观规划中属于自然流域型的景观格局。

例如，福建省南靖县的塔下村和田螺坑村于 2007 年被评为"首批中国景观村落"，不仅因为数量庞大保存完好的土楼群落而获此殊荣，更因其夹溪而建的形式，营造出一幅山水相融的和谐景致。其中，云水谣古镇因电影和人文色彩远近闻名，其独特、闲适、优美的滨水景观在其中发挥了重要的作用。

村庄滨河（溪）景观的布局走向基本平行于河流及村落整体布局的走向，具有移步换景、景观内容丰富多样、富有律动美等特点，同时还具有防止水土流失、保护沿线农业生态的作用。

3. 其他村庄滨水景观

村庄滨水景观除了上述以块状环形分布的滨湖景观和以带状分布的滨河（溪）景观外，还包括一些特殊的滨水景观模式，例如，村庄水田景观、瀑布景观、泉井周边景观、村庄人工水系景观、村庄排水沟渠附属景观等。

（三）乡村滨水景观要素

从园林设计角度，可将乡村滨水景观分为山、水、建筑、植物这四个主要元素。在设计过程中，将这四个元素有意识地合理组织成为一个有机的整体，创造出具有美感与实用功能相结合的优美景观。这里主要从乡村滨水驳岸、景观建筑、地面铺装、植物和附属设施等若干要素对村庄滨水景观进行具体分析。

1. 滨水驳岸

滨水驳岸作为治水工程重要的构造物，主要起到防洪、固堤、护坡的作用。与此同时，滨水驳岸也是人们接触水体的媒介，是村庄边界美学的体现。滨水驳岸从材料工艺上划分，可以分为四大类：自然式驳岸、人工式驳岸、混合式驳岸及其他。

（1）自然式驳岸

自然式的驳岸以砂石堆积为基础、自然植被覆盖为主，其水系两侧的陆地部分坡度较为低缓，水岸线自然多变，没有人工雕琢的痕迹，是在自然界生长发展过程中逐渐形成的驳岸类型。在我国部分村庄或自然风景区仍可见这类型驳岸。

（2）人工式驳岸

人工式驳岸主要包括台阶式驳岸、预制构建式驳岸、石笼驳岸等最早出现在城市滨水景观中的驳岸形式，由于其具有耐久性、安全性、多功能性以及村民向往城市景观的心理等原因被运用在村庄滨水驳岸中。这类驳岸与城市滨水相似度高，通常无法与周遭柔和的村庄环境相融合，不具有村庄景观的特色。所以，如何在这类滨水驳岸的景观塑造中找回属于村庄的记忆，成为当下村庄滨水驳岸景观的重点与难点，同时也是美丽乡村建设中关于重塑景观环境中乡村文化内涵这一指导思想与重要目标的体现。

（3）混合式驳岸

早期的驳岸建造因为材料和工艺的约束，人们就地取材，运用自然山石、竹木桩材等对水岸进行单纯的加固。随着施工工艺的发展与追求生态科学指导思想的深入人心，现代驳岸主要以浆砌块石、水生植物与卵石筑砌相结合、石笼固岸、石插柳法等混合驳岸形式，主要有软质驳岸、硬质驳岸、亲水驳岸和出挑驳岸。

（4）案例分析

九曲螺江美丽乡村项目位于贵州省遵义市绥阳县，项目区主要围绕螺江构成，洛安江占极少部分。螺江是周围村庄农业用水和生活用水来源，河道最宽处约 50.6m，最窄处 10.95m，现有驳岸多为自然式，但破损严重，亟待修复。

为恢复螺江生态，改善乡村环境，螺江滨水驳岸的设计运用了实用与美观相结合的手法，充分体现了乡村滨水驳岸丰富多彩的特点。

螺江滨水景观带以"一带串九珠"为设计理念，充分融合绥阳当地乡村诗歌文化，以不同诗歌赋予每个"半岛"不同景观主题。滨水驳岸的整体设计以软质驳岸为主，与乡村美景相互融合，营造自然生态的滨河景观，根据各个"半岛"不同主题，细部驳岸的处理方式也不同，增加整个乡村滨河游线的丰富性、层次性和参与性。

观光型主题驳岸：软质驳岸和硬质驳岸相结合，便于村民在滨水步道上散步、观景、游玩，充分体现了乡村景观的恬静、自然。如：荷生幽泉主题。

体验型主题驳岸：软质驳岸和出挑驳岸相结合，通过驳岸延伸，增加乡村旅游趣味性，吸引更多游客，同时丰富村民生活乐趣，村民在滨水步道上的健身康体运动，充分体现了乡村景观的活力。如：葱茏木影主题。

游乐型主题驳岸：软质驳岸、硬质驳岸和亲水驳岸相结合，增加环境层次，产生动态的变换，静态环境与动态水景相互呼应，村民能够在观景平台游乐，也可在滨水绿地休憩，还可在亲水平台上亲近自然，充分体现了乡村景观的多样性。如：欣欣向荣主题。

2. 滨水景观小品

村庄滨水景观小品主要是指以供村民生活休闲为主并传达村庄文化特色的牌坊、风雨桥、风雨廊、风雨塔、滚水坝、碑刻、洗衣台等。这些滨水景观小品一方面在景观布局上起到重要节点的作用，并且贯穿于整体景观轴线，让滨水景观主次分明富有节奏感；另一方面将中国传统水文化的内涵与村庄的历史文化底蕴通过不同景观小品的塑造表现出来，营造出一种独具特色的村庄滨水景观风貌。

廊、桥、亭台等视野较好、适合驻足休憩又具有框景、透景、衬景、对景等功能的建筑景观小品成为滨水景观的重要组成部分。加之乡村水系规模较小、形态多变等因素，这类景观小品的存在更为乡村环境增加了一丝雅趣与景致。

为了满足滨水区域必备的安全性、耐牢性，同时与时尚的城市景观相接轨，部分滨水景观造景的选材选用和造型设计上出现了城市景观打造的手法——其施工精细、选材精致、造型方正、几何感显著，突出体现了现代简约的风格。这种景观塑造方式忽略了村民独有的生活习性与生活模式，在景观小品的处理手法上脱离了乡村本真。

除了滨水建筑景观小品外，村庄对于滨水其他景观小品的打造也十分重视。基本完成改造的村庄滨水景观都配备有经过设计的统一风格休闲座椅、垃圾桶、花池、花箱、景观路等；有的村庄在部分用水出水口处运用动物造型的花岗岩成品进行装饰，别有一番趣味。滨水区的防护栏材料应尽可能地避免不锈钢、铅合金、钢材等现代工业材料的使用，在保证安全的基础上利用石材、水泥浇筑附仿木纹效果等手法，使其与整体村庄滨水环境相融合。在与村庄中保留的历史文物、重要景点、水岸边缘、道路岔口等处都有放置别具特色的说明牌、指示牌、安全告示牌、通知栏等，在细节处进一步完善滨水景观的塑造。

3. 地面铺装

在现代村庄滨水区，道路主要以人行道为主、少量两轮非机动车行驶为辅，其道路宽度和地面铺装选材应满足步行与两轮非机动车通过的基本要求。同时还要坚持经济实用、安全生态、绿色环保的原则。另外，对于滨水区景观的地面铺装，要尤为考虑避免特大汛情导致水位上涨，造成水体对道路、铺装的破坏。滨水区景观道路对整体滨水景观节点的连接起着重要的作用，它既可作为通行的道路，又具有景观构成元素中观赏的价值，无论是对乡村旅游观光引导还是本地居民生活休闲都起到了非常重要的作用。村庄滨水景观中常用的道路铺装主要分为以下几类：

（1）石料铺装

石料铺装主要包括块石铺装、卵石铺装、板材铺装和砖块铺装。因为块石和卵石铺装对于材料造型的要求较为自然并且在大部分乡村地区容易就地取材，符合绿色生态的建设原则，所以，被广泛地运用在村庄景观道路铺装中。这里所指的块石是未经精细打磨，大小不一、形状各异的石块，常被用于乡村滨水景观的室外阶梯建造和水上汀步打造，既稳固厚实又自然，这种天然状态与乡村自然景致的古朴感有了极好的融合。

卵石铺装则是目前村庄内部道路最常用的地面铺装材料。一般选用直径三至十几厘米不等的圆润卵石嵌入干沙水泥混合物的基层上，利用卵石深浅不一的颜色进行地面纹样的设计，除了美观之外更有吉祥的寓意，具有较强的实用性和美观性。

板材铺装是指将岩石加工成不同规格的几何形板状，目前使用较多且性价比较高的是花岗岩，其硬度大、耐磨性好，不易受风水侵蚀。由于铺设在室外地面，所以，岩石表面都会进行不同方式的粗糙纹理处理。板材铺装对基层的要求不高，既可在软性基层上铺设，也可在刚性基础上铺设。

砖块是我国传统的人造铺材，由于砖块个体体积较小，作为道路铺贴的使用会造成一定程度的移位，所以，砖铺道路需要运用侧石和缘石来固定铺装的边缘，也就是通常所说的路缘石。

随着新材料不断出现，目前在道路铺装中较为常用的透水砖也较适宜运用在当代村庄滨水景观道路的铺设中。新型透水砖具有安全、环保、吸噪声、排水快、施工快、成本低等优点，并且表面颜色多样、可供选择、可定制，丰富了景观道路的色彩构成。

（2）木材铺装

木材铺装被广泛地运用于滨水景观平台中，并逐渐开始运用在滨水木栈道中，其自然原始的风格更加符合乡村景观的特点。但是由于木材自身易吸水膨胀变形、易被暴晒开裂、易被虫蚁蛀蚀的特性，导致原始木料不能直接运用于路面铺装。所以，一般运用于室外景观的木材都是经过防腐处理的防腐木，其中包括通过防腐药剂注射浸泡处理的防腐木和通过深度碳化热处理的不含防腐剂的防腐木。目前市面上的防腐木，其原木主要以松木、杉木、樟木为主。

（3）整体路面铺装

这里所说的整体路面铺装主要指混凝土、沥青等地材。部分村庄滨水区道路仅为了满足通行便利的要求多采用混凝土浇筑路面，其色彩单一暗淡、呆板无趣，与自然水系的灵动优美形成极大的反差。在炎热的夏季，一般的混凝土路面会反射热量，给人造成极大的不适，并且一般的水泥与水泥混凝土路面具有不透水性，不利于路面排水。在工艺不断改进的过程中，出现了透水混凝土，其透水性强、承载力高、色彩丰富，具有很高的使用价值，可根据乡村设计定位的不同运用于村庄滨水景观道路的建设中。

（4）其他材料铺装

中国外一些乡村改造案例中，还有运用钢铁等金属材料或是陶瓷碎片等作为园路的地面铺装，营造出别具一格的乡村景致。

4. 滨水景观植物

在村庄滨水景观中，农作物作为景观植物的现象十分普遍。对于村庄滨水景观的植物造景基本体现了以下几个原则：其一，以选用具有地方特性的本土植物为前提，最大程度上不破坏改造区原有的较为完整的天然植被群；其二，在植物的选择和运用中，应注重考虑作为景观植物的可供欣赏性，将常绿植物与落叶植物相结合、水生植物与陆生植物相结合，通过植物的造型美来传达地方特色与地方精神。以下对集中重要的滨水景观植物进行阐述：

（1）乔木

滨水景观中乔木的选用应结合该区域实际土层厚度与其景观功能属性。若种植区土层较浅，应选用根系浅的乔木品种，一般乔木对于土层的要求在 1.5m 以上。大型乔木的运用能对景观重要节点起到标识性的作用，并且，在滨水区这一开放性的公共空间中起到了一定的遮蔽作用，另外，乔木的合理运用也能对滨水驳岸起到稳固的作用。

由于乡村建筑高度普遍较低，造成乡村建筑环境的天际线高度较低且平缓，所以，在距离建筑较近的滨水景观带的植物选用上不建议使用过于高大的大型乔木；对于小巧乔木而言，乡村滨水景观常种植桃树、梨树、石榴树、柚子树、橘子树等既具有经济效益又适合滨水区栽植的树种。在我国南方地区，竹子，尤其是楠竹（毛竹）、慈竹、绿竹等竹类植物也较为适宜在滨水区种植。

（2）灌木

灌木的选用与种植在滨水景观的塑造中起到了特别重要的作用，灌木因其生长高度与人的自然观景视线相近，所以，人们在滨水区活动时能率先观赏到灌木的不同造型与色彩。滨水景观中常用的灌木主要有：八角金盘、四季桂、桃金娘、十大功劳、南天竹、苏铁、海桐、假连翘、黄素馨、女贞等。由于乡村地区原本风貌中自然、随性的特点，所在灌木的选用中应尽量选择无须人工经常性刻意修剪造型的品种，从植物造景上将乡村与城市相区别，还原乡村特有的景观气质。对于直接与农作物种植区结合的滨水区，具有季节性、农民自发的农作物种植也成为塑造景观的手法之一。

（3）地被植物

如果说灌木是植物配景中的主角，那么地被植物则是烘托主角最好的配角。尤其是在滨水景观区域，人的视线因水景的存在而相对放低，地被植物为裸露在外的土层起到了装饰性作用，为竖向空间创造了更丰富的层次感，同时也保护了滨水区的水土不易流失。乡村滨水景观中常用的地被植物有麦冬、石菖蒲、葱兰、马尼拉草、南天竹、杜鹃等。由于我国乡村目前尚无完善的环境管理团队以及乡村中存在家禽家畜的放养，所以，不提倡在乡村中，尤其是乡村滨水景观环境中大面积地使用草坪。

（4）水生、湿生植物

在滨水景观环境中，水生植物与湿生植物是这类景观环境中独有的植物类型。水生与湿生植物能很好地将滨水区陆地景观与水域通过自然的方式结合起来，丰富水面景观效果。常见的乡村滨水景观水生、湿生植物有荷花、黄花鸢尾、菖蒲、美人蕉、紫芋、芦苇、狐尾藻等。

（四）案例分析

1.现状水体分析

湖北省黄冈市陈策楼村项目区东侧紧邻水系一条，名为朱道士河，水质较好，平时为项目区内部耕地抗旱排涝所用。内部分布了大面积的坑塘水面，多为水产养殖所用的鱼塘。

现状坑塘景观：坑塘周边景观单调，四季色彩不明显。

目标：提升坑塘周边绿化景观。打造充满活力、多姿多彩的水域空间景观。

2.水岸景观设计指引

（1）村内生态塘

设计思路：村内生态塘与村民的生活息息相关。在设计过程中要注重塘与村民之间的互动关系，通过台阶、亲水平台等打造亲水景观，提高村民对水域景观的参与性。

种植手法：混植或间作种植亲水植物，改变单调的水域环境，丰富塘边绿化景观系统。

（2）村外生态塘

设计思路：结合当地种植习惯，在塘埂上种植果树，同时清除现状杂草，如狼尾草、苜蓿、黑麦草等鱼食植物。达到在保持原生态水岸景观的基础上，改善动植物生长、栖息环境的功能。利用池塘星罗棋布的优势条件，开展旅游、农、林、牧、渔等产业活动，形成原生态水环境的良性循环。

种植手法：利用河岸多彩植物以及水中绿植的倒影，营造多彩河岸四季景观。

（3）景观河道

设计思路：对现状塘边的排灌沟渠进行拓宽改造，打造一条游船观景系统、游船码头以及亲水平台。打造丰富的游船景观空间，多层次、多角度地观赏河道景观。同时河道两侧种植可采摘的果树，游客在游船的过程中也可进行采摘，丰富景观空间的同时，也增强了游船乐趣。

种植手法：利用彩色植物设置滨水景观小道，打造多彩景观界面，同时在河岸两侧种植果树。

三、乡村绿化景观

美丽乡村的建设实施，离不开村庄绿化景观的规划设计。村庄绿化对改善农村生态环境、增强农业综合生产发展能力、促进人与自然和谐、统筹城乡和谐发展具有重要意义。村庄绿化具有与城市绿化不同的特点，参照村庄绿地分类系统，把村庄绿化用地类型主要分为道路绿地绿化模式、公园绿地绿化模式、生产绿地绿化模式、防护绿地绿化模式和其他绿地绿化模式。

（一）道路绿地绿化模式

村庄道路是整个村庄的结构骨架，村庄道路绿地是依附在村庄道路系统上的绿色元素，它是村庄景观生态系统中的生态廊道，占整个村庄绿地面积的较大比重，它以网状、线状等形式将村庄绿地联系在一起，组成一个完整的村庄绿地系统。村庄道路绿化不仅可以创造丰富多彩的街道景观，还可以净化空气、调节气候、保护路面和行人，如在炎热的夏季，良好的村庄街道绿化能使树荫下的气温比烈日下的道路面低5℃以上。按照村庄道路的使用功能，将村庄道路绿化分为以下两大模式：

1. 重要交通道路绿化

一般是指村庄中连接村内外交通的主要道路，这类道路除满足交通功能外，还应满足驾驶安全、视野美化和环境保护的要求，通常以建设生态环保林为主，兼顾景观效果，主要包括分隔带绿化、路侧绿化和道路转角处绿化。按照对外和对内，分为进村道路绿化和村内主要道路绿化。

（1）进村道路绿化

进村道路处于村庄生活区外围，有的连接城市干道，其周边多是田地或者菜园、果园、林带，绿化选择栽植树干分支点较高、冠幅适宜的经济树种，谨防绿化树木影响到农作物的生长；不与农田毗邻的道路，栽植分支点较低的树木，如桧柏等。

一般道路两旁种植1～2排高大乔木，为加强绿化效果，也可以在乔木间种植大叶女贞等常绿小乔木，或紫薇、黄杨、海桐球等花灌木。较窄道路的绿化，为了保证行进中能够看到田园远景风光，乔木下灌木修剪高度不宜高过0.7m或按照一定间距分散种植灌木丛；经济较好的村庄可按"两高一低"的原则进行绿化，即在两乔木间搭配彩叶、观花常绿树种或花灌木，以达到多层次的绿化效果；较高级别道路具有机动车道与非机动车道分隔带，通常在机动车道两侧设置分车绿带，在非机动车道外缘设行道树。两侧分车绿带的绿化植物不宜过高，一般采用绿篱间植乡土花灌木的形式。

（2）村内主要道路绿化

村内主要道路具有车辆通行、村民步行、商贸交易等功能。该类型道路的使用率和通行率均较高，其绿化应美观大方，以保证视野开阔通畅。一般村庄主道不存在分隔带，仅需两侧进行绿化，以实用、简洁、大方为主，也可以在不妨碍通行的位置种植落叶阔叶树种，起到遮阴、纳凉和交往空间的作用。

也可考虑统一树种，并统一要求各家门前的植树位置，形成一街一树、一街一景的特色。对于道路一侧的宽敞空地，可种植枝下高度较高的孤赏大树，形成一个适宜休息、闲谈的交往空间，体现提供人际交往场所的功能。人行道绿化宜栽植行道树，充分考虑株距与定干高度。在人行道较宽、行人不多的路段，行道树下可种植灌木和地被植物，以减少土壤裸露和道路污染，形成一定序列的绿化带景观。

村庄原始形成的主要商贸街道，路面较窄，种植宽度较小，应以种植灌木为主，与地被植物相结合。道路两侧可种植树体高大、分枝点较高的乡土乔木，间植常绿小乔木及花灌木；也可以栽植果材兼用的品种，如选择柿树等高主干式的经济果木为行道树，再配置一些花灌木；为了调节树种的单一性，在适当区域可选择树形完整、分枝低、长势良好的其他乡土树种，再配置常绿灌木；在经济条件允许时，行道树可选择档次较高的园林树种。

2. **生活街道绿化**

一般是指村庄中的次要道路或支路，主要包括村内住宅间的街道、巷道、胡同等，具有交通集散功能，是村民步行、获取服务和进行人际交往的主要场所。这类道路是最接近农户生活的道路，对于家门口的绿化，可布置得温馨随意，同时作为庭院绿化的延续补充。由于宽度通常较窄、道路不规则，其绿化具有一定的局限性，在植物布置时须更具针对性，在村庄环境整治的基础上，改善绿化和卫生条件较差的现状，以保证绿化实施的效果。

在不影响通行的条件下，可在道路两侧各植一行花灌木，或在一侧栽植小乔木、一侧栽植花灌木；两侧为建筑时，紧靠墙壁栽植攀缘植物。经济林木可应用到农户庭院门口道路一侧，设置横跨道路的简易棚架，种植丝瓜、葫芦等作物。拐角处可种植低矮的花灌木或较高定干高度的乔木进行绿化美化，增添生活趣味；对于较窄的小路，根据实际情况调整为单侧绿化，一侧种植大量绿篱，间隔开硬化路与裸露地面，形成道路、绿化植物与农舍融为一体的乡村画卷；对于村庄内的菜园地道路，选择生长力较强的蔬菜覆盖边坡，在营造良好绿化效果的同时节约土地，并且经济、美观、实用。

3. **案例分析**

（1）现状道路景观

湖北省黄冈市陈策楼村现状道路两边缺乏绿化，缺乏特色。规划方案的改造目标是丰富道路两侧绿化，加强道路经济林果植物种植，重点打造谭秋故里绿化景观带。

（2）道路景观设计指引

①重要交通道路绿化：在湖北省黄冈市陈策楼村美丽乡村详细规划项目中，以农业景观为主体，打造村庄道路景观。行道树树种选择以果树为主，配植花灌木和地被植物。项目最具代表性的是建设了一条具有当地乡土特色的交通大道——"香橘"大道，道路的主导景观是当地盛产的橘树，有"万盏小橘灯照亮着中国红色文化道路"的美好寓意。与此同时，在道路两旁种植锦鸡儿、胡枝子、大花溲疏等植物配景，景观树种主要是常绿乔木，道路景观具有观花、观果、采摘等功能。

②生活街道绿化——红色飘带景观步道：在湖北省黄冈市陈策楼村美丽乡村详细规划项目中，还规划建设了一条红色飘带景观步道，代表红色景观之路，围绕中央水域打造红色文化之旅。道路两旁栽植以红色为主的地被花卉，辅以多彩花卉，提升景观的观赏性。另外，红色飘带景观步道沿路配置的标志、小品都以红色为主，如表5-1所示。

表5-1 红色步道植物推荐

名称	上层植物种类	地被种类
红色植物	木槿、山茶花	一品红、石蒜、月季、一串红
橘色植物	黄刺玫、迎春、连翘	月季、长寿花、萱草
黄色植物	桂花	油菜花、菊花、月见草
绿色植物	黄杨	虎耳草、龟甲冬青
白色植物	玉兰、杏、梨	雏菊、福禄考、葱兰
粉色植物	西府海棠	凤仙花、矮牵牛、夏堇、石竹
紫色植物	紫薇	桔梗、紫花地丁、飞燕草

（二）公园绿地绿化模式

1. **公园绿地绿化模式分类**

借助地域位置（如靠山临水或风景名胜区）、生态景观条件和交通条件，分析公园位置、规模、服务人群等特点，确定建设主导类型。

（1）休闲型公园绿地：这类公园主要服务于本村村民以及靠近本村庄的居民，主要具备生态、美化、休闲娱乐等功能，包括三类（表5-2）。

表 5-2　休闲型公园绿地建设要点

公园类型	建设要点
普通小游园	村庄中最多类型的公园，一般受经济、人口和土地利用影响，无须建设大型的公园绿地，通常以小游园、小广场的绿地形式出现。重点规划合理的活动空间，形式简单、朴实、实用
城乡结合部的村庄公园	可以起到分流城市公园绿地压力的作用，公园的规划设计可以参照城市绿地的标准进行，但要突出城郊和地域景观的特色
新建居住区村庄公园	主要服务居住范围内的居民，公园的规划设计可以依据城市绿地的标准进行，注重体现农村固有的乡村特色，尽量保留城市化进程中的乡村历史痕迹

（2）风景旅游型公园绿地：此类公园绿地以村庄中的风景旅游区、文化古迹和产业经济为主。在为村庄居民提供休闲娱乐的同时，更多的是对外提供其风景旅游资源，为农村居民提供经济收益和就业机会等，包括以下两类（表 5-3）。

表 5-3　风景旅游型公园绿地建设要点

公园类型	建设要点
风景旅游、文化古迹等为主的公园	在保护和修复的基础上，利用乡土树种和复古种植等方式尽量营造出原有的历史植物景象，在提供给游人优美的旅游环境的同时，体现源远的历史情怀
林产（苗木、果蔬采摘等）经济为主的公园	农耕、果蔬采摘等实践活动是此类公园的特色，由于村庄面积限制，一般绿地面积不大，规模上偏小、品种多、布局合理，重点体现农家乐的风格，通常结合生产绿地进行建设

2. 公园绿地绿化建设要点

（1）如今，村中年轻人外出打工的很多，留守老人和儿童，因而，在建设村庄公共绿地时，应充分考虑老人和儿童的活动需要，一般包括：实用的休憩设施，如在落叶大乔木下设置座椅等；为老人设置的喝茶、打牌设施及村民健身设施，为儿童设置的滑梯、秋千、沙坑等；充足的绿化，以丰富景观层次和色彩；少量面积的硬质铺装，通常采用广场砖或水泥铺地；一定的照明设施，以方便村民晚间使用。此外，还可以设置适宜的历史名人、传奇故事雕塑等，以增添文化氛围。

（2）成功的村庄公共绿化，是人们进行活动的载体，最能体现村庄个性和特色。规划时要留有足够的空间，用绿化作为分割，以满足不同人群需求。通常可用小花坛、树池座椅、花架长廊等方式弱化分区，形成老人休闲和儿童玩耍场地的自然过渡。对于有条件的村庄，可以在村庄中心将绿化广场与商业建筑相配合，结合一些喷泉、小品等零星的构筑，形成全村商业、休息、娱乐的活动中心。

（3）村庄公园的种植设计，是村庄绿化的亮点所在，应充分结合本地气候环境，适地适树，常绿与落叶、观花与观叶合理搭配，讲求点线面协调，采用乔灌草复合的绿化形式。宜采用形态、色彩俱佳的树种，如：雪松、香樟、广玉兰等常绿乔木；梧桐、火炬树、海棠、白玉兰等落叶乔木；柑橘、山茶、枸骨、月季等常绿灌木；连翘、金钟花、珍珠梅、锦带花等落叶灌木；紫藤、凌霄等藤本；万寿菊、一串红、鸡冠花等草花地被。

3. 案例分析

湖北省黄冈市陈策楼村现状村庄原来缺少景观节点，入口缺乏观赏性，广场缺少绿化。因此，规划目标是注重村庄景观轴、环线、节点打造，形成集休闲、文化、娱乐、游览于一体的综合景观系统。

湖北省黄冈市陈策楼村美丽乡村规划公园广场设计思路是以精品化打造为主体思想，同时配以水体景观、观景凉亭、观赏广场及花带等软硬结合的景观，打造富有红色文化特色的中心景观，建设陈策楼村庄旅游核心。

广场景观的种植手法主要选取具有红色文化特色的景观植物，诸如山楂、桂花等，同时合理搭配乔木、灌木、地被等打造丰富的景观空间，同时利用我国传统造园手法打造中心入口的景观园。

（三）生产绿地绿化模式

随着部分农村生活生产活动的逐渐减少，生产绿地只在一些中心村或者经济比较发达的村庄保留，宜将其部分慢慢融入到村庄公园绿地或居住绿地中去。生产绿地在形式上属于整个村庄绿化内容的补充与丰富，与其他绿地同样发挥生态价值和景观效果的同时，更多的是获取经济效益。根据村庄的地理位置特征和村庄产业的主要作物，把生产绿地绿化模式划分为农田绿化模式和经济林绿化模式。

1. 农田绿化模式

此类模式主要适用于平原地区的村庄，通常以种植蔬菜、庄家等农作物或苗木等，如：村民日常生活所需的葱蒜、青菜、丝瓜、南瓜以及树苗等。这种绿化模式既保证了农村有限土地的合理利用，同时也为村庄的生产、生活添加更多的农耕乐趣。

2. 经济林绿化模式

此类绿化模式主要在丘陵山区，以种植果树、苗木等为主。一方面可以满足村民自家的生活所需，还可以吸引旅游的城乡居民来此采购；另一方面，种植的大量杨梅、桃、葡萄、梨树、茶园、竹园等可以作为经济的主要来源。苗木品种要更加多样化，但村庄内部用地通常比较紧张，因此，一块地一般只种植一个品种。

3. 案例分析

（1）现状农田景观

湖北省黄冈市陈策楼村现状农田作物繁杂，缺乏景观性、特色性。

规划目标是改善生产条件，与生态保护相结合，打造农田景观，并结合特色农作物打造特色景观。

（2）农田景观设计指引

在湖北省黄冈市陈策楼村美丽乡村规划项目中，农田景观设计主要采用林果景观、荷塘景观以及水稻农田景观的整体打造来完成的。

①林果印象：通过交通性道路（香橘大道）两旁设置可采摘的橘子树，让游客在通行的过程中即可享受林荫遮蔽，又可享受采摘带来的乐趣。步行性景观道路，引导游客进入附近采摘园和项目点；

②荷塘印象：通过设置河岸边滨水小道，吸引游客驻足观赏荷塘景色，感受荷塘印象。通过设置游船系统，使游客小船戏水与荷塘之中，观赏荷塘景色的同时，采摘莲藕；

③水稻印象：游客可通过田间小路，漫步于稻田之中，感受大地景观的独特魅力。游客位于远处或高处时，可观赏由七彩稻田组成的爱国主义图案，在提升景观品质的同时传播爱国主义文化。

（四）防护绿地绿化模式

村庄的防护绿地主要指村庄内部的林带防护林。对于比较小的自然村来说，仅仅只是建设的围庄林带，功能不仅是防护，更多的是在有效的空间内提供游憩环境；但对于较大的村庄来说，通常根据村庄的大小和内部结构布局灵活布置绿化，适宜建设各类防护林带。根据防护绿地的功能不同，主要把绿化模式划分为单一防护林带模式和游憩防护林带模式。

1. 单一防护林带模式

此类模式主要针对较大的村庄绿化，通常结合城市防护绿地的规划方式，形成包括道路防护林带、组团防护隔离带、卫生隔离带和围庄防风林带等在内的综合防护林带，其中，在组团防护隔离带和围庄防风林带里可适当设置娱乐游憩设施。

2. 游憩防护林带模式

此类模式主要针对较小的村庄绿化，主要在村庄周围建设围庄林带。因为村庄较小，围庄防护林很靠近居民，村民可充分利用这样的环境资源，并且外围或有更大的防护林带。除具有防护功能外，还兼具一定的游憩娱乐功能，可以布置一些休闲活动设施，如：座凳、栈道等，可以带来生态和景观上的双重效益。

规划围庄林带应全面考虑村庄外缘地形和现有植被等因素，因地制宜地进行。林带要与村庄的盛行风向垂直，或有 30° 的偏角，尽可能保持林带的连续性，提高防护功能。种植方式一般采用规则式，株距因树种不同而异，通常为 1 ~ 6m，还可进行块状混交造林。树种的选择采用乔灌草相搭配的形式，多营造树形高大、树冠枝叶繁茂的乔木，一般尽可能地选择速生树种，以便尽早地发挥林带的防护作用，也可栽植经济林木或果树，如银杏、榉树、柑橘、柿树、枣树等，在美化环境的同时取得一定的经济效益。杭州地区常用树种有杉木、板栗、核桃、油茶、柑橘、毛竹等。

（五）其他绿地绿化模式

村庄中除了点状的庭院、单位附属地，段状的道路、河流，面状的广场、村庄废弃地、空置地外，还存在一些可绿化的小面积零碎隙地，主要存在于公共基础设施，如变电室、厕所、井台等周围。这些基础构筑物较为分散，是否能够很好的绿化，对提升一个村庄的整体绿化有着重要的意义。由于空隙地比较细碎，通常采取"宜林宜绿、见缝插绿"的绿化模式。各零碎地的建设要点如下：

变电室、垃圾收集房等设施，考虑用冬青、黄杨、小叶女贞等枝叶浓密的绿篱植物或者竹类等植物材料进行遮挡美化，仿造院墙下基础种植的方式进行美化。对于新建的这类基础设施，可以结合乡土建筑风格设计其外观，用植物进行覆盖屋顶绿化。

厕所一类基础设施的使用率较高且不宜隐藏，绿化时采用半遮挡的方式进行处理，一侧种植略微高大的小乔木，建筑顶部种植草本植物，墙体使用攀缘植物立体绿化，不仅使绿化具有安全性和遮蔽作用，使一个原本孤立的建筑达到生态美化的效果。

井台旁是原始村落中使用率和村民出现率较高的地方，由于自来饮用水的出现，现在的井台已经失去了原有的功能。绿化时可利用这块空地，在保证其安全性后可在附近种植冠大荫浓的树木，设置座椅，提供休闲的好去处。

菜园周边的绿化一般采取散植和围合两种绿化方式：散植绿化是指在菜园地内种植一株或分散种植几株树木的绿化方式，一般选择主干明显、冠幅较小的乔木，如水杉、池衫等，也可种植梨、苹果、杨梅等主干式树形为主、枝下高 2m 以上的树木，这种方式可有效避免高大树木的浓荫遮盖地面，影响蔬菜生长，也能打破大范围平坦菜地带来的视觉单调感。菜地的边角处空间较大，在距离田垄较远的地方，选用冠幅较大的落叶乔木树种，如泡桐、柿树等，以方便夏日村民劳作休息。

围合绿化是指在大片分户种植的集体菜地外围进行的绿化。一般选择低矮的小灌木，成排种植，形成绿篱。小乔木的种植与菜园地的距离不宜太小，要充分考虑光照方向和林木间距，保证蔬菜采光良好。树种选用树冠整齐、形态美观、具有观赏价值的经济林木或果木，如银杏、柑橘树等；庭院内或宅旁小面积菜园绿化时，可作为一个小花园去规划，在菜园内散植少量独干花木，在其四周栽植绿篱及开花树木，如用桂花、樱花等包围，将蔬菜作为地被植物去栽培。

四、庭院景观设计

村庄庭院是与村民生活、生产联系最为紧密的场所，同时也是组成村庄聚落的基本单元。村庄庭院是指农村平房和独门独院式住宅庭院，主要包括庭院和房屋前后的零星空地。庭院景观规划设计不仅可以改善居民的生活环境，提高村民的生活质量，村庄绿化还可以运用园林学和乡村旅游学的理论，创造出"小花园""小果园""小菜园"等具有地方特色的庭院，带动地方特色经济和乡村旅游业的发展，解决农村剩余劳动力，促进农民增产增收。

（一）庭院景观设计要点

（1）庭院景观的设计应选择既美观又实用的绿化树种，使其既能起到遮阴避暑、美化环境的作用，又能够获取一定的经济效益。植物布置应与村庄住宅的房屋形式、层数和庭院的空间大小相协调，植物造景应与庭院绿化的总体布局相一致、与周边环境相协调，植物选择还应满足住户卫生、采光、通风等需求。

（2）庭院景观设计的植物种植要保持合理的密度，造景设计应以成年树冠大小为主，还应充分考虑树木间距以及近期效果和远期效果的结合。植物配置时应采用乔木与灌木、常绿树与落叶树、观叶树与观花树、速生树与慢长树互相搭配的方式进行栽植，在满足植物生长条件下尽量达到复层绿化的效果。庭院景观设计的植物造景还应充分考虑利用植物随着季节的变化交替出现的色相变化，创造出不同的庭院景观。

（3）庭院景观设计还应采用垂直绿化、屋顶绿化和盆栽绿化等方式开拓绿化空间，扩大绿色视野，提高绿化覆盖率。

（二）庭院景观设计模式

1. 林木型庭院景观模式

林木型庭院景观模式是指在庭院种植以用材树为主的经济林木，其特点是可充分利用有效空地，根据具体情况种植高效高产的经济林木，以获取经济效益。绿化宜选用乡土树种，以高大乔木为主、灌木为辅。

屋后绿化以速生用材树种为主，大树冠如泡桐、楸树等，小树冠如水杉、池衫等。在经济条件较好地区，在屋后可种植淡竹、刚竹等经济林木，增加经济收入。

屋前空间比较开敞的庭院，绿化要满足夏季遮阴和冬季采光的要求，但植树规模不宜过大，以观赏价值较高的树种孤植或对植门前为主。选择枝叶开展的落叶经济树种为辅，如：果、材两用的银杏；叶、材两用的香椿；药、材两用的杜仲等；对于屋前空间较小的庭院，在宅前小路旁及较小空间隙地，宜栽植树形优美、树冠相对较窄的乡土树种。

对于老宅基地，在保留原树的基础上补充栽植丰产、经济价值较高的水杉、池衫、竹类等速生用材树种。在清除原有老弱树和密度过大的杂树时，尽可能多地保留原本就不多的乡土树种，如：桂花、柳、银杏等。院内种植林木要充分考虑其定干高度，防止定干过低，树枝伤害到人畜；在庭院与庭院交界处，要确定合理的定株行距，来保持农户间所植苗木相对整齐。

2. 果蔬型庭院景观模式

果蔬型庭院景观模式是指在庭院内栽植果树蔬菜，在绿化美化、自给自足的同时，还能带来经济效益的一种绿化模式。此模式适用于现有经济用材林木不多或具有果木管理经验的村庄或农户。农户可根据自己的喜好，在庭院内小规模种植各类果树和蔬菜等品种。

有条件的村庄，可发展"一村一品"工程，选择如柑橘、金橘、枇杷、杨梅等适生树种，形成统一的村庄绿化格局，又可获得较好的经济效益。

经济果木可根据当地情况选择适宜生长的乡土果树，如梅、枇杷、金橘、柑橘等果树，宜采用1～2种作为主栽树种，根据果树的生物学特性和生态习性进行科学合理的搭配。

在大门口内侧可配置樱桃、苹果等用于观花、观果的果树，树下再点缀耐阴花木，当果实成熟时，满树挂果，景象非凡。在果树旁种植攀缘蔬菜，树下围栏种植一些应时农作物，产生具有层次的立体绿化效果，既美观实用，又节约土地。

在路边、墙下开辟菜畦，成块栽种辣椒、茄子、西红柿等可观果的蔬菜，贴近乡村生活，自然大方。院落一角的棚架用攀缘植物来覆盖，能够形成富有野趣和生机的景观，同时具有遮阴和纳凉功能。

选择不同果蔬，成块成片栽植于院落、屋后，少量植于院墙外。果树栽植密度应依品种、土壤条件，在庭院中一般在靠墙一侧呈单排种植果树，在树下种植蔬菜时，注意果树的枝下高度，保证采光，其种植密度与田间类似。

3. 花草型庭院景观模式

花草型庭院景观是指结合庭院改造，以绿化和美化生活环境为目的的绿化模式。此类绿化模式通常在房前屋后就势取景、点缀花木、灵活设计。选择乡村常见的观叶、观花、观果等乔灌木作为绿化材料，绿化形式以园林常用的花池、花坛、花镜、花台、盆景为主。花草型庭院多出现在房屋密集、硬化程度高、经济条件较好、可绿化面积有限的家庭和村落。

房前一般布置花坛、花池、花镜等。为了不影响房屋采光，一般不栽植高大乔木，而以观叶、观木或观果的花灌木为主。房前院落的左右侧方，一般设计为花镜、廊架、绿篱或布置盆景，以经济林果和花灌木占绝大多数，有时为夏季遮阴也可布置树形优美的高大乔木，如楸树、香樟等。屋后院落一般设计为竹园、花池、树阵或苗圃，主要植物种类有刚竹、孝顺竹、银杏、水杉、朴树等，以竹类和高大乔木为主。

此类模式的绿化乔木可选择一些常绿树种，如松、柏、香樟、广玉兰和桂花等。花卉可选取能够粗放管理、自播能力强的一、二年生草本花卉或宿根花卉，进行高、中、低搭配。常见栽培的园林植物有鸡爪槭、红叶李、桂花、木槿、石楠、茶花等；绿篱植物主要有黄杨、栀子、小叶女贞、金钟花、连翘、小蜡等。

4. 综合型庭院景观模式

这种景观模式是前面几种模式的组合，同时也是常见的村庄庭院景观设计形式，通常以绿化为主、硬化为辅；以果树和林木为主、灌木和花卉为辅。景观设计形式不拘一格，采用林木、果木、花灌木及落叶、常绿观赏乔木等多种植物进行科学、合理配置，在绿化布置时因地制宜，兼顾住宅布置形式、层数、庭院空间大小，针对实际条件选择不同的方案进行组合。植物材料布置在满足庭院的安静、卫生、通风、采光等要求的同时，还要兼顾视觉美和嗅觉美的效果，充分体现农家整齐、简洁的风格。

庭院一般采用空透墙体，以攀缘植物覆盖，形成生态墙体，构成富有个性的、精致的家园；也可采用栅栏式墙体，以珊瑚树做基础种植，修剪成近似等高的密植绿篱围墙，生态、经济、美观，且具有一定的实用性。建筑立面的绿化一般在窗台、墙角处放置盆花；墙侧设支架攀爬丝瓜、葫芦；裸露墙面用爬墙虎等攀援植物进行美化点缀。

庭院花木的布置可在有一种基调树种的前提下，多栽植一些其他树种。农户也可根据自己的需要和爱好选种花木，自主布局设计，仿照自然生长，实行乔、灌、草、三层结构绿化（其中草本、地被可采用乡村常见蔬菜）。综合型庭院绿化将花卉的美观、果蔬的实用、林木的荫蔽，共同集中组合在庭院中，以创造丰富的景观效果。

（三）案例分析

广西玉林市鹿塘村庭院的改造重点在于庭院景观的重塑与提升，主要通过乡土气息浓厚的蔬菜瓜果和常见庭院花卉，辅以花架等园艺小品，形成内容丰富、变换多样的园林式庭院景观。

1. 院落入口景观

在庭院入口处添加农家型的蔬菜瓜果自然景观，通过简单自然的乡村气息以达到吸引游人的目的。与此同时，以家庭为单位，规划建议种植"梅兰竹菊"类景观，营造文化氛围，与村庄整体的景观形成强烈视觉效果。同时采用垂直绿化的方式，增加院落景观效果。

2. 庭院内部景观

庭院内部，以玉林当地特有植物和常见的庭院植物，配合小型园林布局，营造出宜人的生态景观氛围，并与村庄整体的景观形成强烈视觉效果。

庭院景观的打造要坚持维护乡村特征，鼓励多种居住模式，布置花卉、观赏树木、菜园、果树等。与此同时，通过家庭园艺、阳台花架丰富建筑立面，营造美丽街巷景观，打造一户一景、步移景异的庭院景观。

3. 庭院景观围合的两种形式

从私密性的角度，鹿塘村现状庭院主要分为两类：一类是私密性较好的庭院，这类庭院大多自建有门楼与围墙，与外部空间交流较少；一类是相对开敞的庭院，门前庭院与道路等公共空间直接相连。

根据庭院私密性的差异，项目的庭院景观设计主要分为两种不同的形式：

（1）私密性较好的庭院

庭院以地势的高差或枝叶繁密的植物围合，形成较为私密的空间。例如，竹子、木头、块石等。既能有效划分各家庭院的空间，又可保持家家户户之间的沟通和交流。

（2）开敞性较好的庭院

由于庭院没有院墙，呈开敞或者半开敞状态，开放性较好，便于对外交流，特别是沿街、沿塘的开敞性庭院，适合商业服务开发。因此，对于开敞或半开敞庭院，适宜结合沿街环境进行适当的绿化改造，营造自然古朴的园林式街道景观环境。

4. 庭院布局形式

鉴于鹿塘村旅游及配套服务功能的发展与提升居民中除了一部分用于村民自住的传统型庭院，还会建设一定数量的旅游住宿和餐饮接待型庭院，对传统型庭院和服务接待型民居的室内布置和庭院景观营造予以区别对待和专属设计。

（1）传统型庭院布局

建筑质量和风貌整体较差、位置相对不佳的庭院，主要采用传统型院落布局，对辅助用房进行集约化安置，同时兼具生产功能。院落布局中主要考虑杂物房、厨房、住房、菜园等功能部分，充分体现了古朴田园农家的特色。

（2）旅游住宿型院落布局

对建筑质量和风貌整体较好、位置优越，并且周边环境良好的民居，按照旅游住宿型院落形态进行改造，用来满足外来游客的旅游住宿需求。在具体布局设计上，主要考虑游客的居住、停车需求以及庭院的景观性，要让游客在住宿时，也能有适当的户外休闲空间。在内部布局上，主要通过绿植来划分空间，既有围合感，又能互相通透。院落布局中主要包括住房、厨房、菜园、厕所、停车场等功能部分。

（3）餐饮接待型院落布局

建筑质量和风貌整体较好、沿街布置，并且交通区位好的民居，主要按照餐饮接待型院落形态进行改造，用来满足外来游客的就餐需求。在具体布局设计上，主要考虑游客的就餐、停车需求以及庭院的景观性，要让游客在舒适的环境下就餐。院落布局中主要包括餐厅、厨房、菜园、厕所、停车等功能部分，外围被大量的绿色环境包围，打造园林式生态餐厅。

五、建筑立体绿化景观

建筑立体绿化，运用立体空间或是少量的土地种植一些藤本植物，以达到一定的绿化效果。建筑立体绿化具有占地少、适应性强、繁殖速度快等特点，垂直绿化可以充分利用村庄庭院的空间，不仅增强了庭院绿化的立体效果，还会极大提高村庄绿量和村庄绿地覆盖率；另外，垂直绿化可以通过藤本植物的蒸腾作用和遮阴效果，大大减少阳光的辐射强度，使夏季室内的温度大大降低。据有关测定，具有"绿墙"的住房的室内温度可比无"绿墙"的住房低 13℃～15℃。冬季落叶后，藤本植物不仅不会影响太阳的照射，它附着在墙面上的枝茎还可以形成一层保温层，能够起到调节室内气温的作用。大多藤本植物的叶面不平、多绒毛，能够分泌有黏性的汁液，具有较强的滞尘能力，能够不断地过滤和净化空气。藤本植物宽大、密实的藤蔓枝叶可以吸收和反射声波，能够减少噪音能量，具有一定的隔音作用，使村庄庭院保持安静的环境。藤本植物还可以隐蔽庭院厕所、垃圾场等，加强建筑与周边环境的联系。

建筑立体绿化主要包括院墙绿化、屋顶绿化和棚架绿化三种形式。

（一）院墙绿化

院墙绿化是利用具有吸附、缠绕、卷须、钩刺等攀缘特性的植物对院墙表面进行的一种绿化形式，是一种占地面积小且覆盖面积大的绿化形式，其绿化覆盖面积能够达到栽植占地面积的几十倍以上。在院墙绿化植物的配置和选择时，应根据植物的攀援方式、墙面质地、墙面朝向、墙体高度、墙体形式与色彩和当地气候条件等因素选择合适的植物种类和配置方式。农村常用的院墙绿化植物有爬山虎、三叶地锦、五叶地锦、牵牛花、山葡萄、凌霄、金银花、常春藤等。

（二）屋顶绿化

屋顶绿化可采用多种绿化方式，可采用盆景、盆栽花草进行绿化；也可结合屋顶状况设置藤架、种植攀缘植物；还可以在屋顶铺垫种植土，种植花草树木。由于屋顶具有光照强、风速大、蒸发快等特点，并且由于受荷载因素限制，屋顶土壤层厚度一般都较小，因此，屋顶绿化选择的植物应注意以下特点：选择耐旱、耐寒的矮灌木和草本植物；选择耐贫瘠的浅根性植物；选择抗风、抗空气污染、耐积水、不易倒伏的植物；选择容易移植成活、耐修剪、生长较慢的植物；选择可以实施粗放管理、养护要求较低的植物。农村屋顶绿化常用的花灌木有月季、牡丹、梅花、迎春、连翘、榆叶梅等，常用的地被花卉有万寿菊、杜鹃、一串红、鸡冠花、马兰、鸢尾、石竹等，常用的攀缘植物有紫藤、凌霄、爬山虎、常春藤、葡萄、金银花、多花蔷薇等，常用的地被植物有早熟禾、结缕草、野牛草、麦冬等。

（三）棚架绿化

棚架绿化是农村建筑立体绿化最普遍的一种绿化方式，棚架位置应根据庭院面积和住宅的使用要求确定，棚架应与房屋保持 1m 以上的距离，以有效避免影响室内采光和植物虫害侵入室内。在农村庭院中适合棚架绿化的植物种类常见的有葡萄、丝瓜、扁豆、藤蔓、苦瓜、小葫芦等。这种绿化方式简单易行，不仅能够达到乘凉、美化庭院的效果，同时还能产生一定的经济价值。

第六章　乡风环境规划设计

在进行美丽乡村建设的过程中，乡风民俗建设是实施美丽乡村建设的灵魂，只有有了灵魂的美丽乡村，才更突出自身的魅力，也更具有独特的风格特征。与此同时，美丽乡村乡风的建设，也为未来乡村的发展传承打下了坚实基础，创造出一个非常好的乡村环境。本章重点论述的是美丽乡村乡风环境的建设，主要包括新时期乡风民风概论、乡风民风建设规划、培育和弘扬乡贤文化。

第一节　新时期乡风民风概论

新时期，我国在大力开展新农村建设的基础上，有针对性地对美丽乡村建设进行一系列的政策支持。为此，我们需要明确需要建设的内容，这里所说的乡风民风就是一个非常重要的组成部分。

一、乡风民风的基本理论

（一）乡风文明的基本概念

1. 乡风

乡风主要是指一个地方的人们在生活习惯、心理特征以及文化习俗等方面长期积淀所形成的精神风貌，字面的含义主要是风气、风俗、风尚，也就是我们所说的民风民俗。它不仅包括观念形态层面的信仰、观念、意识、操守，知识形态层面的关于社会与自然各个方面的知识，同样也包括物质形态层面的生产、生活中的物质对象形制以及功能等方面的特征，还包括制度形态方面的礼制、习惯、规约、道德规范等多个方面的行为规范，属于文化的重要范畴，主要涉及人类的生产、生活的各个领域。从社会学意义层面来讲，乡风主要是由自然条件的不同或者社会文化之间存在的差异所造成的特定乡村社区中人们共同遵守的行为模式或者规范，是一个特定的乡村社区内人们在观念、爱好、礼节、风俗习惯、传统以及行为方式上的总和，并且还在一定时期与一定范围内被人们所仿效、传播与流行。文明的乡风首先应该是以人为本的，充分反映出时代的精神，顺应历史发展的潮流，并且还能够体现出人文精神、时代精神、历史演进三者之间的相互一致、协调性。

乡风不仅不能用标尺进行定位，同样也不能用金钱加以度量，但是当人们运用自己的行为展示出其纯洁、表达出其诚意、折射出其高尚的时候，乡风往往都能够发展成为一种无形的财富。所以，不管是从词义本身的角度，还是从社会学的角度来看，乡风实际上都是一种依赖于特定的农村区域地理环境、社会生活方式及历史文化传统所形成的一种地域性乡村文化，即它是一个内涵十分丰富的文化概念。

2. 乡风文明

作为农村比较重要的一种区域文化类型，乡风文明通常都能够直接地反映出人们在思想观念与行为方式上的变化，与此同时，也是社会关系最外在的一种表现类型。乡风文明通常都有下列几个方面的特征：

（1）乡风文明的形成是一个自然的、历史的发展演进进程。乡风文明所能够反映出的是人们自身现代化层面的要求，同时，也是人们物质需要以及精神需要所能够得到相对满足的直接体现，属于一种积极健康向上的精神风貌。同时，乡风文明主要反映的是时代精神层面的特点，也充分体现出了历史发展的重要追求。

（2）乡风文明往往都是特定的社会经济、政治、文化以及道德等多方面状况的直接综合反映，是特定的物质文明、精神文明以及政治文明互相作用的重要产物。

（3）乡风文明建设属于一个庞大而复杂的系统性工程，它所涉及的社会经济、政治、文化以及道德建设都会囊括其中，其包括各个层面。

3. 乡风文明的主体及培育

既然乡风文明主要体现的是以人为本的发展理念，反映出来的是时代精神并且顺应了历史发展的潮流，那么，乡风文明在其本质层面所体现出来的就应该是人和人之间的关系，属于现代农村或农村社区的范畴，表现为居民间、邻里间以及生产生活过程中所能够体现出来的文明、祥和的社会关系。

（二）社会主义新农村的乡风文明内涵

社会主义新农村乡风文明其实就是农村文化建设的关键问题，主要包括文化、风俗、社会治安等多个方面。它也是农村文化的一种状态，是一种有别于城市文化，也有别于以往农村传统文化的一种新型的乡村文化，其本质是推进农民的知识化、文明化、现代化，实现农民"人"的全面发展。

乡风文明的总体要求，就是要大力发展教育、文化、卫生和体育等各项社会事业，不断地提高农民群众的思想、文化、道德水平，重建农村精神家园，丰富农村文化生活，形成崇尚文明、崇尚科学健康向上的社会风气。

推进乡风文明建设就是要加强农村精神文明建设，不断地提高农民的思想道德素质和科学文化素质；要形成文化娱乐设施齐备、文化体育活动丰富、民风民俗淳朴健康的精神风貌。

二、社会主义新农村乡风文明的本质

社会主义新农村的乡风文明，本质就是尽可能地推进农民的知识化、文明化、现代化，实现农民的全面发展。它应该具有下列质的规定性：

（1）新农村乡风文明主要是以马克思列宁主义、毛泽东思想、邓小平理论"三个代表"重要思想、科学发展观和习近平新时代中国特色社会主义思想、体系为指导的精神文明建设；

（2）新农村的乡风文明属于一种具有比较先进品格的文化。继承一些比较优秀的文化发展传统，导入现代文明的基本因素，不同于城市文化而又和城市文化进行对接、互相兼容，具有十分鲜明的特色以及现代品格的文化内涵；

（3）新农村建设的乡风文明属于一种村庄文化。这种村庄文化，应该比较积极地适应并且充分反映出现代农村经济社会的发展现状；

（4）新农村乡风文明和社会主义新农村发展的整体建设目标互相适应。乡风文明一定要和新农村建设的整体目标保持适应、相互协调。

"乡风文明"是我国现代农村社会主义发展精神文明的十分重要的组成部分。应大力提高我国现代农民对于农业发展的整体素质，积极地培养与造就一个有文化、懂技术、会经营的现代新型农民，从而为我国实现农民全面发展打下良好的基础。

第二节　乡风民风建设规划

乡风民风建设是建设美丽乡村必须要实施的一个步骤，其建设周期长，建设花费高，传承时间久，是未来美丽乡村建设的重点和核心，同时也是乡村文化建设的灵魂所在。

一、乡风文明建设

促进乡风文明，一定要充分明确乡风文明建设的主要内容，这样才可以做到有的放矢。通常情况下认为，乡风文明建设应该包括整体道德理念、良好精神面貌、较高文化素养、健康生活风尚等多个方面。

（一）加强农民基本道德规范

当前，特别是要深入开展我国社会主义核心价值观的宣传教育活动，充分引导与教育农民群众学会明是非、辨善恶、识美丑。在社会主义新农村的建设过程之中，要立足于农村的实际情况，从群众的身边选出一些典型，注重群众公认，依靠群众推典型，保持典型的本色，拉近典型和群众之间的距离，树立起一大批有时代发展特征、有感人风格魅力、有特定群众基础的先进个人典型，从而在整个农村都能够形成一个崇尚先进、学习先进、追随先进的良好风尚，为建设乡风文明提供一种十分强大的精神支撑。

（二）鼓励良好的村风民风

村风民风的建设可以直接反映出农民思想道德的整体发展水平，直接体现出农村精神文明建设所取得的卓越成效。其中的村风是最为集中的体现，民风往往都是村风建设的重要组成部分，两者之间也是相辅相成的。实现村风民风的好转，其中的一个最根本的途径通常是要进一步加强农村的社会主义现代化精神文明建设，大力提高现代农民的文化素质，使一些比较先进的文化、思想能够占领现代农村发展的主要阵地，与其他的不良社会风气进行坚决而果断的斗争，从而形成良好的社会发展风尚。更加需要广泛且比较深入地开展移风易俗的教育活动，消除那些不文明的行为，弘扬好人好事，打击歪风邪气，驱邪扶正，以正压邪。

（三）加大农村文化设施投入

（1）进一步发展和完善现代农村文化的基础设施建设投入相关机制。必须要把乡风文明建设专用资金纳入现代财政的计划之中，甚至还应该设立起专项发展资金，使乡风文明创建活动能够拥有一个比较健康的发展基础；

（2）进一步创建十分完备的农村文化发展基础设施。应该充分坚持政府作为主导，乡镇作为依托，以村为其中的关键节点以农户为其中典型的对象，发展县、乡镇、村文化设施和相关的文化活动场所，尽可能地满足广大人民群众多层次、多元化的精神文化需要；

（3）进一步抓好农村的文化娱乐队伍建设。积极地扶持农民合唱队、民乐团等农村民间文艺团体；引导农民可以自发地成立龙舟队、秧歌队、腰鼓队、舞龙舞狮队等文化体育组织。

（四）丰富群众的文化生活

文化人才需要充分抓好精神文化产品的创作生产，开展多样化的群众文化活动，做好民族民间的文化保护基本工作。要加大面向"三农"的精神文化产品创作生产的力度，尤其是要重视政策法规类、信息知识类以及文体娱乐类等相关文化产品的创作生产。

另外，要加大基层文化队伍的建设力度，大力培养群众文化的工作者、民间艺人、专业文化工作者、综合执法管理人员等多支文化人才队伍。

二、新形势下乡风文明的建设规划

（一）新形势下的乡风文明建设

乡风主要是一个地方的人们长期在一起生活所形成的习惯、心理特征以及文化习性在长期积淀所形成的约定。乡风文明从本质上来看就是农村精神文明层面的主要要求，包括其中的思想、道德、文化、科技、风俗、法制、社会治安等多个方面的问题，集中反映出了农村人和人之间所存在的复杂关系。通过乡风，人们通常都能够感知到当地百姓的不同思想修养、道德素质以及其文化品位。乡风文明往往是美丽乡村建设的灵魂所在，与此同时，也是发展现代农业思想的重要基础与平台，具有举足轻重的作用。

1. 美丽乡村建设的必然要求

乡风文明主要是指农民的思想状况、精神风貌、文化素养、道德水准的快速提高，崇尚文明、崇尚科学，社会风尚积极健康向上；教育、文化、卫生、体育事业相对比较和谐协调发展。当前，中国的农村快速发展，改变了过去人们"日出而作、日落而息"的传统生活方式，农民要求做到衣食住行等多个物质生活条件方面都要进一步改善，更追求精神文化生活得到一个大幅度的提高，要求人们应加强乡风文明的建设。

2. 社会主义市场经济的客观需要

在社会主义市场经济发展的新形势下，进一步加强乡风文明建设就显得非常有必要。因为长时间受到小农经济意识的深刻影响，很多农民仍然还存在一定的封建落后意识，很大程度上制约了农村经济在现代社会的快速发展。加强思想道德建设与教育科学文化建设为重点内容的乡风文明建设，开展社会主义市场经济与现代科学技术知识的大力普及教育，使农民可以很好地掌握市场经济的基本知识，进一步提高科技文化素质，才能更好地适应社会主义市场经济发展的需要。

3. 农村社会稳定的重要保证

农村的发展稳定，事关国家社会大环境的长治久安。坚定不移地采用乡风文明建设作为农村建设的抓手，大力增强农村的基层组织建设以及干部队伍建设，充分解决好农民反映最为强烈的重要问题，切实将农民冷暖安危置于心中，尽最大努力维护农民的合法权益，以保证农村社会的发展和稳定，确保国内长治久安。

4. 精神文明建设的组成部分

我国属于典型的农业大国，2017年末，农村常住人口占总人口比重的41.48%。乡风文明也是发展现代社会主义精神文明在农村最为具体的体现，属于社会主义新农村建设的灵魂部分。抓好乡风文明建设，培养一个有道德、有文化、懂技术、会经营的全新农民形象，不断地增强农民群众的思想道德素质与科技文化水平，大力引导农民养成一个科学而文明的生活方式，大力倡导积极向上的健康社会风尚，营造出一种和谐融洽的社会发展氛围，极大地促使农民从传统的生活方式逐渐转向现代文明的生活方式，具有十分重大的意义。可以这么说，如果农村的乡风文明没有得到进一步改善，就不可能实现全社会的精神文明发展。

（二）推进乡风文明建设的对策

1. 加速发展农村经济，不断增加投入

推进农村乡风文明的建设，从根本上来看应该加快农村的经济发展。各级财政需要进一步加大对农村的公共事业建设投入的扶持力度，解决好农村行路难、饮水难、上学难、通信难等多个方面存在的问题，为农业的快速发展、农民的大力增收提供良好的条件。同时，也需要不断地加大农村文化设施建设投入的力度，保障乡风文明的建设经验，大力加强农村的宣传阵地文化建设，积极地发展乡村有线广播、电视村村通工程等，大力支持乡镇建好文化站，支持村庄积极地建好村民学校、图书室、阅报亭、宣传栏等。与此同时，各个乡（镇）村庄都要筹措资金，积极兴办文化实体、组织开展文化活动。

2. 发展群众文化，丰富农民精神生活

继续大力支持开展"三下乡"活动，以便能尽最大努力满足广大农民群众的精神生活需求。强化农村文化活动室、图书阅览室、党员之家等一些文化阵地的功能，充分发挥其思想教育、信息传播、文化娱乐等多个方面的作用。积极组织市、县（市、区）的业务人员到乡村去辅导农民的文艺骨干，为农村的文化建设发展补充"血液"，建设起一支不走的基层文化专业队伍。

3. 开展精神文明创建活动，提升农村文明程度

在实施美丽乡村的建设过程中，要紧紧围绕进一步提高群众的文明素质以及乡村文明的程度这一主题，扎实做好各种文明创建的思想活动。以能够培育出新型农民作为其重点，组织村民们大力开展各种学习活动，充分利用村民学校、墙报、宣传栏等宣传形式，大力组织农民群众进行文化、科技、法律等相关知识的学习，积极引导农民去崇尚科学，抵制迷信，破除原有的陋习，从而让农民群众移风易俗，养成文明、科学、健康积极的生活方式，自觉地遵守"爱国守法、明礼诚信、团结友善、勤俭自强、敬业奉献"20字的公民基本道德规范。

大力弘扬农村文化正气，抵制歪风，建立起公德薄、光荣榜、评议栏，把农村的经济建设、基层组织发展、社会治安的综合治理、计划生育的落实、文化教育的积极进步、乡风文明、村容村貌等的改变当作创建的主要内容。

发动广大人民群众义务地投入进来，有效地整治我国当前农村长期存在的脏乱差等各方面的问题。搞好污水、垃圾治理，改善现代农村的卫生状况。积极走生产发展、生活富裕、生态良好的可持续发展道路。制定与完善现代农村社会的村规民约，使村民都能做到有章可循、照章办事，逐步实现乡风文明建设的科学化、制度化、规范化。

4. 加强社会稳定，促进乡风文明建设

稳定是发展的前提，也是发展现代农业、建设新农村的环境基础。没有安全的社会环境，那就什么事情也干不成。加强农村治安综合治理，在农村开展以社会政治安定、社会治安稳定、社会环境和谐、队伍建设加强等方面为主要内容的创建和谐平安乡镇（街道）、和谐平安村庄、和谐平安家庭等活动。

要抓好社会治安综合治理工作，建立和健全维护社会稳定的预警机制，处理突发事件的应急机制，社会治安的防控机制，打击邪教组织和非法活动，打击农村黑恶势力，维护

农村的稳定。

要狠抓农村救助保障体系建设，完善农村特困户生活救助、残疾人救助、五保供养、养老保险等社会救助体系。建立健全安全生产责任制，排除安全隐患。打击私炮生产、非法采石和农用车非法载客等。

5. 加强领导，建立与完善乡风文明工作机制

加强乡风文明建设，关键在领导、重点在基层。农村基层党委要把乡风文明建设提到更加突出的位置，始终坚持两手抓、两手都要硬，真正落实两个文明建设同部署、同落实、同检查的工作机制，落实"一把手抓两手"的领导机制。

三、弘扬乡村文化习俗

我国的优秀传统文化中，包含十分富有魅力的民俗文化，可以这么说，没有民俗文化的存在，中国的传统文化便是无源之水。随着现代社会经济文化生活发展的多元化不断出现，起源于民俗的大量文化以及艺术资源也正在悄悄地流失，过去的那种散发出泥土芳香的艺术奇葩也正在不断凋零，使中华民族的优秀传统文化的传统与弘扬出现一个断层。

（一）传统风俗文化的挖掘

挖掘与整理民俗文化，需要深入研究文化的形成、更新以及发展时的变化，弘扬其中积极健康向上的文化内涵，这也是建设美丽乡村最为重要的任务。

1. 注重普查，保护抢救民俗文化

通过对县、乡、村三级进行层层发动，抽调一些主要的业务技术骨干，深入到各个乡镇、各行政村以及自然村中，大力开展农村野外的普查整理，并且将民俗文化详细登记备案。在广泛且深入地进行普查的基础上，认真地分析各项情况，有针对性地提出相对应的保护措施，充分运用文字、录音、录像、数字化等多媒体宣传手段，作出真实且全面的记录。

2. 注重研究，探讨不同风俗形式

从农耕文明、衣食住行、婚丧嫁娶、礼乐、社火等多个方面进行深入的研究与探讨。这些民俗文化之所以，能够长期存在和不断得以发展，有其存在的合理性与必要性，是在漫长的发展历史之中长期积淀下来的重要产物，要采取扬弃的态度，古为今用，移风易俗，大力推动社会不断发展前进。

3. 注重传承，弘扬民间民俗文化

加强民俗文化"人才"的培养以及民俗文化"阵地"的建设，充分做好民间艺术的文化发展传承。在队伍的建设方面，一方面需要大力加强民间民俗艺人的相关保护工作，访问、查找、挖掘一大批有代表性的民间艺人；另一方面，积极地培养出一大批优秀的民俗文化传人。

4.注重弘扬，扶持开发民俗文化

开发利用民俗文化，通过搭建多种类型的群众文化展示舞台，大力吸引更多的人参与其中。

在实施美丽乡村的建设过程中，要以高度的文化自觉以及文化自信，发掘文化村落之中凝结着的耕读文化、民俗文化，使优秀的传统文化能够在和现代文明交流与交融过程中发扬光大。

（二）发展特色文化产业

在农村的建设过程中，有一些地方通常都会进行"大拆大建"，农村的特色特别是文化特色往往都会遭到严重的破坏，加上文化设施建设的严重滞后，出现了乡村文化的边缘化、断层化发展现象。为了能够保护好当地具有典型特色的文化产业，在进行美丽乡村的建设过程中，需要通过富有典型艺术特色的文化带动相关工程的开展，使基层的村居文化传承都能够得以延续、文化氛围也得到提升。特别是对于历史文化底蕴深厚的古村落而言，应该着力于保护它的历史文化底蕴，以富有艺术特色的文化带动村居的发展。

在充分发掘与保护我国现有的古村落、古民居、古建筑、古树名木以及民俗文化等多重历史文化遗迹遗存的前提下，优化美化村庄的人居环境，将历史文化底蕴深厚的传统村落培育成为一个传统文明与现代文明有机结合的特色文化村。尤其是要深入挖掘传统的农耕文化、山水文化、人居文化之中的丰富生态思想，将特色文化村打造成为一个可以弘扬农村生态文化的关键基地，并且编制出符合农村特色文化村落的保护规划，制定保护政策。

农村文化产业的发展和壮大，要立足市场、走进消费，面临着多样化的路径选择：

（1）可以通过特色的农村文化旅游推出独特的文化产品，吸引城市以及各类的游客前来感受独特的淳朴的农村生活风味；

（2）可以通过充分体验农村的生产经济，采用一种多样化的展现农村文化的参与互动魅力，把农村的生产、生活、民俗、农舍、休闲、养生、田野等一系列的系统链接起来，打造成为农村文化产业的发展链条；

（3）需要开发农村的土特名优产品，组织农民大量发展自身的独特文化特色产品加工生产与经营；

（4）需要充分组织农村的歌舞、农村竞技、农村风情、农村婚俗、农村观光、农村耕织、农村喂养等多重表演与竞赛表演活动，提供具有浓郁乡土气息的文化服务；

（5）应该大力开展农村的休闲娱乐、地方风味餐饮、感受现代农村的生活等多重活动方式，为旅游者们提供一个可以居家式的服务以及自助式的生活全套服务。

（6）可以开展农村的文化历史文化层次展览，生动且系统地反映出现代农耕文化、游牧文化、渔猎文化的多重艺术特色与发展历史，开辟针对中小学生的农村文化教育基地等；

这些经营的方式只是农村文化产业发展的基本模式，在实践的过程之中还应鼓励与支持农村的文化产业发展运营创新相结合。

（三）开展多彩文化活动

随着美丽乡村建设工作的不断推进和稳步实施，农村的生活条件出现了极大的改善，人民群众对于精神文化生活层面的追求也在日渐强烈，广大农民需要的日益增长的文化体育需要和文化体育的场地、设施短缺之间的矛盾也正在日益显现出来。在一些文体活动开展得比较好的地方，人们的精神面貌、社会风气都已经出现了比较大的改观，农民在健康水平、文化素质方面也出现了比较大的提高，促使农村出现了移风易俗、文明风尚在农村蔚然成风的现象，极大地改变了农村文体生活层面匮乏的局面。定要突出农民群众的主体地位，扩大文体活动在村民群众中的参与面，一定要努力做好以下几方面的工作：

1. 积极完善整体规划

按照以乡镇文化中心为龙头、以村俱乐部为主线、以文化中心户为基石的农村文体建设思路，突出重点，兼顾全面，加强阵地建设的整体规划。重点抓好乡镇文化站的建设，因势利导，建设适合农民文化生活需求的文化阵地。抓好村文化中心户培育，打造一支属于农民自己的文体骨干队伍。在实施规划的过程中，要按照农民的需求，围绕中心村建设，加强公共文体服务体系建设，在改变农村自然村落多、居住分散的现象的同时，建设好图书室、农民公园等文体活动场所。

2. 广泛开辟筹资渠道

建议形成政府投一点、乡镇补充一点和农村自筹一点的筹资渠道，逐年增加对文体阵地建设的整体投入。研究出台相关政策，形成农村文体阵地建设专项资金，规定投入比例，确保足额到位。完善公益文体社会办的机制，积极引导社会力量捐助农村文体事业。建立部门、企业帮助支持农村文体的制度，并将其纳入公益性捐赠范围。与此同时，尽量让部门、企业能够取得一些经济效益，增加他们对农村文体阵地建设投资的积极性。

3. 不断丰富阵地类型

农村地域广、人口多，农民的生产生活、村风民俗各不相同这就要求建设不同类型的文化阵地，以满足各地农民的要求。可以按照农业生产特点来建立流动型的阵地，选农民需要的科技人员到农民需要的地方讲农民需要的知识。针对农村富余劳动力，借助职业技术培训机构与企业承包的优势，建立固定的阵地来开展针对此类农民的文体活动和教育。

4. 大力培养文体人才

通过保护一批、巩固一批、培养一批、挖掘一批的方式，逐步壮大农村文体人才队伍。要充分保护好现有的文体人才，尤其是一些是带有典型地方特色、民俗艺术特色的文体人才。在稳定现有文体队伍的同时，抓好典型示范和带动。此外，乡镇文化站要积极挖掘农民的潜力，发现和培育热心开展文体活动、热衷于文体技艺学习与实践的农民，并为他们提供培训、提高、展示、交流的机会，保持一支有实力的村文体兼职队伍。

（四）加强地域文化宣传

地域文化专指中华大地特定区域源远流长、独具特色、传承至今仍发挥作用的文化传统，具有独特性。

地域文化一方面为地域经济发展提供精神动力、智力支持和文化氛围；另一方面与地域经济社会相互融合。伴随着知识经济的兴起和经济社会一体化进程的不断加快，地域文化已经成为增强地域经济竞争能力和推动社会快速发展的重要力量。做好地域文化宣传工作，要加大投入、改善环境。

1. 加大对文化的财政投入力度，改善现有的配套设施

加快县、乡、村文化的基础设施建设，主要从两个方面进行考虑：一是需要实现农家书屋（职工书屋、休闲书屋、校园书屋、美丽家庭书屋）全覆盖；二是进一步加大图书的分馆建设力度。

2. 建设农村文化阵地，利用现有文化资源

一是需要建设一个涵盖群众业余的文艺演出、体育活动、电影放映、广播电视"村村通""户户通"等多层面、综合性广泛的农村文化前沿阵地，有效地利用现有的文化资源；二是需要突出文化精品的观光带基本建设。以能够建设更加美丽的乡村精品观光带作为主线，将农家的书屋、乡村剧院、乡村舞台、地域文化展示馆都纳入观光带的建设范畴之中，进一步丰富现代美丽乡村精品带发展的文化气息。

3. 强化宣传人才培养，加大民族文化的开发与保护

强化对各民族地区宣传人才的培养，重点关注各个民族的宣传干部以及有志于民族文化发展的社会各界人士，着力于加大对民族文化的深度开发与保护，进一步增强对民族文化的高度认同感与深刻自豪感。

4. 利用现代传媒，加大地域文化宣传

信息技术已经成为 21 世纪最为先进的生产力，以互联网、卫星电视、有线电视为主要代表的现代传媒彻底改变了公众过去获得信息的单一途径。而且现代传媒往往还具有典型的宣传目标的多元化、传播过程双向性以及互动性、传媒资源的丰富化、传播受众的广泛性、信息传播的全球化等多种特征，因此其加大了地域文化的宣传力度。

四、推动乡规民约建设

乡规民约（乡约）是我国基层社会发展过程中，在某一个特定的地域、特定的人群、特定的时间范围内社会成员一起制定、共同遵守的自治性行为规范、制度的总称。作为我国的传统文化十分重要的组成部分，乡规民约往往都会对维护农村社会的稳定和发展起到十分重要的作用，是乡村秩序构建与维持过程十分重要的因素之一。

（一）最早的乡规民约

在某种程度上，乡规民约的最初出现，是中国传统文化精英们以教化治国的理念在农村的试验。中国传统农村的一大特点是稳定，农村结构与农村群体变动不大，这就为乡规民约的出现提供了有利的土壤。有学者认为，中国最早的乡规民约应当在周代，最晚在秦汉时期已经出现。《周礼·地官·族师》记载道："五家为比，十家为联，五人为伍，十人为联，四闾为族，八闾为联。使之相保、相受，刑罚庆赏相及、相共，以受邦职，以役国事，以相葬埋。"这可以视为中国早期村落、村民之间彼此交往的乡规民约。

当然，此时的"乡规民约"的规定非常简单，远不如后代的完善。目前，学界倾向认为，中国最早的成文乡规民约是北宋理学家吕大钧倡导推行的《吕氏乡约》。以"教化人才，变化风俗"为己任的吕大钧及其兄弟制定的《吕氏乡约》是将国家法、习惯法和道德有机结合起来，同时还成立了相应的组织负责乡约的执行工作。可以说，《吕氏乡约》的出现，揭开了中国成文乡规民约的先河。其后100年，《吕氏乡约》得到南宋理学家的集大成者朱熹和易学大师阳枋的推崇。

（二）当代的乡规民约

中华人民共和国成立以后的30年左右的时间里，乡规民约在表面上并没有得到重视。但20世纪70年代末改革开放以来，乡规民约作为村民自治的主要制度形式得以恢复和发展。至20世纪90年代，村民自治章程作为乡规民约的高级形式首先在山东章丘出现，进而推广到全国大部分地区。当然，由于社会制度和意识形态发生了根本性的变化，当代乡规民约无论是形式或内容都发生了重大变化。1998年修订生效的《中华人民共和国村民委员会组织法》（以下简称《村民委员会组织法》）第二十条规定："村民会议可以制定和修改村民自治章程、村规民约，并报乡、民族乡、镇的人民政府备案。""村民自治章程、村规民约及村民会议或者村民代表会议决定的事项不得与宪法、法律、法规和国家的政策相抵触，不得有侵犯村民的人身权利、民主权利和合法财产权利的内容。"这是当代村规民约和村民自治章程制定的法律依据。

从各地制定的村民自治章程来看，它已俨然涵盖了传统乡规民约所涉及的内容，是一个村民自治各种制度的系统化、规范化，它应该属于村规民约的范畴，但却是新时期最完备的村规民约，是新型的村规民约，与一般的村规民约相比，村民自治章程更为规范，更为全面，更为系统，也更具权威性，是对传统乡规民约的重构或扬弃。村民自治章程的制定，标志着村民自治又进入一个新的发展阶段。

第三节 培育和弘扬乡贤文化

一、乡贤文化的基本概念

（一）乡贤文化，源远流长

乡贤文化的重要传承思想源远流长。在《周礼》《孟子》中，都已经有这方面的记载，具体表现为乡村组织和管理的构想，并且还在社会实践过程之中得以实施。秦汉之后就已经推行以"乡三老"为乡村最高领袖的乡治制度。此外，不同历史时期仍然还有"乡先生""乡达""乡绅"等多种原始的称呼。总体来看，"乡贤"一词主要是指在民间本土本乡具有德行、有才能、有声望，深受当地民众所尊重的群体。

北京大学教授张颐武曾经认为，乡贤文化属于中国农耕文化的产物，乡贤文化其实就是士阶层文化在中国乡土的一种表现形式。在传统的中国社会阶层之中，士阶层往往都是社会的实际管理者，同时也是社会文化精神的倡导者。

在我国传统社会之中，乡贤往往还在维系地方社会的文化风俗、教化等多个方面发挥了比较积极的作用。礼法合治是我国古代优秀治理经验，古代乡贤们为县以下广大乡村的治理贡献了智慧。北宋时期，蓝田的吕大忠、吕大钧兄弟等一些地方的乡贤自发制定、实施的《吕氏乡约》，属于中国历史上最早制定的"村规民约"。规定乡党邻里间存在的基本准则，对乡民的修身、立业、齐家、交友等多方面的行为，作出了一定的规范性要求，引导当时的人们伦理生活模式。

（二）乡贤文化的挑战与窘况

康有为曾经在 19 世纪末期时说，中国的传统文化遭到了"2000 年来未有之变局"。这种"变局"主要包括曾经深受乡贤文化所滋养的中国乡村社会已经遭遇到的冲击。在城镇化发展的巨大浪潮之中，农村一些比较优秀的人才大量朝城市流动，很多乡贤或者定居城市或者外出经商务工，正所谓"秀才都挤进城里"，人们不禁会叩问："乡贤何在。"

我们需要看到的一点是，尽管乡土中国在现在已经出现非常大的变化，但是传统社会之中的架构仍然没有完全坍塌，乡村社会之中出现错综的人际交往方式，以血缘所维系的家族与邻里关系仍然还十分广泛地存在于乡村中。在这种情况之下，乡贤依旧非常的重要。作为本地比较有声望、有能力的长者，乡贤在协调冲突、以身作则、提供正面的价值观等多个方面的作用都是十分重要的。

中国需要乡贤文化的复兴，但是这并非传统士绅文化的回归。传统社会之中的乡村，由于生活在一个熟人的社会之中，并且还不太重视法律与契约的作用，所以，就会更加注重有威望的乡贤对社会公正作出的维护。很明显，我们不能回到原来那种状况之中，我们需要做到与时俱进，需要村舍民间领袖以及社会体系之间的有机融合，精英与地方治理之间的有效结合。我们更需要避免本地生长起来的乡贤离开乡以后就断了联系，这需要政府给予大力的支持。乡贤往往也是乡村社会重要的黏合剂，他们的知识以及人格的修养都能够成为乡民维系情感联络的重要纽带，使村民有村舍的荣誉感以及社区的荣誉感，这样的乡贤文化往往都是有上进心与凝聚力的。

二、新时期的乡贤文化

（一）新时期乡贤的界定

乡贤，也就是乡里的社会贤达。在古代社会之中，主要是指品德、才学被乡人所推崇敬重的人，不仅是食朝廷俸禄的好官，同样也有德高望重的贤者，还有一些是贡献非常卓著的能人。他们作为乡贤，受到后人的极大敬仰与崇拜，充分表明了国家与社会对其人生价值的直接肯定。

从现代观念和现实的需要方面出发，乡贤的范围已经不仅仅局限在道德和才能层面广义的文化名人，同时还包括在政治、经济、军事、文化、科学、教育、文艺、卫生、体育等各个领域取得突出业绩，在本土本地有较高声望的社会各界人士。

在现实农村中，群众公认的优秀基层干部、道德模范、身边好人等先进典型，都堪称乡贤。许多农村干部，也许文化并不高，风里来、雨里去，肩挑着集体事业，心头装着百姓冷暖，业绩或大或小，付出了努力，无愧于良心，他们是百姓心中的乡贤；还有许多致富不忘乡亲，带动更多的人实现脱困奔富，他们也成了百姓心目中的乡贤。还有一种乡贤则是出去打拼奋斗，有了成就之后再回馈乡里。他们可能人并没有生活在当地，但是因为通信与交通的便利，他们能够通过各种形式来关心家乡的发展，他们的思维观念、知识以及财富都可以影响到自己的家乡。

总之，无论职业，无论居住地，只要生在这，长在这，奉献在这里，在百姓心中的"天秤"上就占到了一定的位置，都可以被尊称为"新乡贤"。

（二）优秀乡贤文化的弘扬

社会学家费孝通认为，中国社会属于一个典型的"乡土社会"。在漫长的农业历史文明之中，包含的是中国传统的乡村治理智慧和经验，乡贤文化则深深地根植在其中，在古代的国家治理结构之中也充分地发挥了比较重要的作用。一方面，历史层面的乡贤热心于公共事务，维系地方社会的文化、风俗以及教化，造福方百姓；另一方面，乡贤在维持乡土社会的有效运转上也充分发挥了自己十分重要的作用。

当前，我国正处在社会发展的重要转型期，一方面，城镇化快速发展；另一方面以"中国传统文化"作为内核的"中国村落文化"的遗存现状也令人感到十分的担忧。当下的乡村治理和乡村社会重建应该从优秀传统文化中寻求资源。

当前社会主义新农村建设、社会主义核心价值观的发掘与实践表明，优秀的传统乡贤文化是可利用的十分重要的文化资源，具有十分特殊的现实意义以及非常重要的价值作用。

乡村自治的深厚乡贤文化基础是值得充分发掘和利用的重要宝藏。乡贤文化中所蕴含的高度智慧与人文价值，潜藏着与现代农村基层民主制度相契合的因素，对激发乡村发展潜力将会发挥不可估量的作用。

三、乡贤反哺农村发展

过去，弘扬与传承乡贤文化，有老传统可循。乡贤者祠堂供奉，家谱有事迹可载。有的镌刻在石碑上，甚至地方志有列传，有的流传在民间故事中，也有的融入家风家训"传家宝"中。今天，时代在进步，有些老传统还在借鉴、传承，有的地方以编写家谱形式挖掘乡贤的氛围很浓。各地编写的方志，将地方旧的、新的乡贤一并列入供后代学习，也是好传统、好做法。但是，随着时代的进步，有些传统成了"明日黄花"，因此，与时俱进，挖掘和利用乡贤文化势在必行。

（一）重构乡贤文化

当前，中国城镇化发展迅速，农民外出务工，许多乡村人才流失，人去地荒，农村正呈现出空壳化的趋势。有统计数据表明，2011年，中国城镇人口首次超过农村，占比达到51.27%。这当中，乡村空心化、乡村文化断裂、农村治理失效尤其令人忧心。乡贤回归，重构传统乡村文化，这也是中国现代化进程中实行乡村治理的一个比较有效的方式。

一是涵育文明乡风，积极地开发乡贤相关的资源。除了传统历史名人、社会精英之外，今日乡村的好干部、好村医、好教师，身边的好人甚至一些"贤妻好媳"，也都有闪光点、新故事，更难能可贵的一点是"原生态"精神财富，值得深入去挖掘、擦亮。积极地开展"好村官""好村医""好媳妇""好公婆"等相关称号的评选活动，结合文明新风户评比、家风家训教育等，有机地融入乡贤嘉言懿行之中，从而就能够形成十分浓烈的贤文化氛围，有益于传播文明乡风，构建起来一个"原生态"的精神文化家园。

二是设立社会相关荣誉、鼓励机制，大力引导乡贤进行反哺，奉献乡土，凝聚十分浓郁的乡情。中国农村同样也都拥有非常优秀的传统文化资源与人文资源，"衣锦还乡""德泽乡里"的思想深深地扎根于每一个中国人的心中。各地的乡贤或者是从政或者是从教或者是从商等，拥有十分庞大的人力与物力资源。他们不仅关心家乡的现代化发展，同时还十分愿意为自己的家乡做一些公益事业。他们拥有比较好的技术、资本、信息市场与人脉资源，只要当地具有比较健全的组织协调与沟通服务机制，就可以以项目回迁、资金回流、信息回馈、智力回乡、技术回援、扶贫济困、助教助学等多种多样的形式反哺家乡。

（二）成立乡贤理事会

农村的发展急需创新农村的社会管理，打破体制机制方面存在的束缚。广东省云浮市创新了农村社会的发展管理模式，培育并且发展了自然村乡贤理事会，充分利用其亲缘、人缘、地缘方面的优势，发挥经验、学识、财富以及文化修养方面的优势，凝聚社会的相关资源，协助镇（街）村（居）委、自然村（村民小组）等开展农村的公共服务与公益事业建设，弥补基层政府与自治组织提供公共产品与公共服务方面的不足，形成一个有益的补充，理顺了乡贤服务的乡土机制，2013 年时荣获第二届"广东治理创新奖"。

1. 决策共谋，民事民议

理事会采用座谈会、进村入户等多种形式，围绕本村的公益建设项目以及民生实事进行充分的研究讨论，凡是牵涉村民切身利益的项目立项、规划设计、路线走向以及遇到的困难问题等方面，都坚持广泛地听取村民意见，发动广大群众献计献策，集中群众的意愿，使项目的建设充分体现村民的意志，引导群众逐步从"观望"的态度逐渐转向"关注"的态度，进而转向"主动参与"。

2. 发展共建，民事民办

理事会出钱、出力发动群众申报奖补项目，带动群众由"要我建"转变为"我要建"，形成"政府自上而下层级发动、群众自下而上多方参与"的共建局面。

3. 建设共管，民事民管

理事会在村道、水利、环境、文体等多个奖补项目的建设过程之中，充分引导村民组建义务的监督队伍，对在建的相关项目工程进度与质量，对建成的项目维护与保养等，开展了轮值制等多种形式的监督与管理。通过开展一些清洁家园等活动，培养村民们良好的生活习俗以及文明的行为，提高广大群众的文明素质。通过征询相关群众的意见和建议，订立村道维护、卫生管理、美化绿化等相关的村规民约、管理公约，以制度来管人、管事、规范自治，实现共同的管理，有效维护村容村貌以及农村的秩序。

4. 成果共享，培育精神

在理事会的大力发展协同之下，广大农村群众在积极参与共谋共建共管中，共享到发展的有效成果，培育出了典型的"自律自强、互信互助、共建共享"的农村协同共治精神风貌，持续促进了美丽幸福家园的建设。

四、乡贤反哺的感人故事

（一）文天祥后裔乡贤助学故事

广东省惠州市白龙塘村村民大部分姓文，是南宋抗元英雄文天祥的后裔。

根据惠州市天祥助学促进会的会长文春明介绍，白龙塘村的村民大多都是文天祥之弟文璧的后代。文璧原来在惠州曾经担任过知州，后又在惠州留下子孙后代，白龙塘村的一些村民就是他们中的重要部分。

受历史传统文化的熏陶，白龙塘村向来都非常重视现代文化教育，也都会深刻地缅怀先祖，传承后人，直至现在还仍然发扬尊师重教与忠孝的优良传统。2007 年，经在外地做生意的几个乡贤的倡议，白龙塘村专门成立了助学慈善机构——"惠州白龙塘奖学基金会"，2011 年正式注册更名为"惠州市天祥助学促进会"。七年来，在这一助学促进会的帮助之下，村里考上大学的学子达三百余名。在村中助学基金与乡贤们的大力帮助之下，很多学子也非常顺利地读完了大学，甚至还有一些人考上了研究生。

（二）水乡最美村庄的诞生

三板村富了、美了、出名了！幸福村居、湿地公园、百鸟天堂，年内还要推出三板村航空旅游节、胥家文化节。广东省珠海市金湾区三板村的变化源自一名称为梁华坤的乡贤。

五年前，三板村还是有名的贫困村、空壳村。2009 年，梁华坤在外打拼了二十余年，其物流企业一度占据珠江口集装箱航运市场 47% 的份额。当他穿梭于粤港澳宾馆酒店，准备到房地产市场大显身手时，遇到了周金友。

万事开头难，创业伊始缺乏咸淡水养殖经验，村民不信任，三板村水产养殖专业合作社创办的前两年，他几乎是"光杆司令"。直到第三年，净投入三百多万元打造的湿地生态系统初步形成，久违的芦苇摇曳、千鸟翔集的美景出现在三板村，梁华坤的脸上才有了笑容。从这时开始，梁华坤走出了造福桑梓的道路。

第二步，投资一千多万元，改造并承包了 2200 亩撂荒地，实现了特色的海鲜品牌"小林草鲩"生态养殖，探索出了一条"企业＋农户""资本＋技术＋土地＋管理＋市场"的发展新模式，大力引导村中的养殖散户以承包地（鱼塘）租赁或者量化入股的形式和他的合作社进行共济、共融、共享或者是使用一些合作社统一提供过来的种苗、饲料、技术以及养殖的标准，由合作社采用以保底协议价收购原来农户养殖的水产品，并且还对加盟的农户实行第二次分红以及年底股份分红的方式，在保证村民实现良好收益的基础上，实现全村水产养殖规模化与品牌化发展。

"造福桑梓，赶早不赶晚，再难我也要挺过去。"梁华坤道出了自己的心声。

（三）副县级编外村干部

1995 年，一位副县级党员领导干部——肖而乾，带着自己的老伴回到了老家——芦溪县上埠镇涣山定居。从县城搬到了村里之后，肖而乾向村"两委"大胆地"伸手要官"，勇敢地担任了村老协主席、关工组副组长。

涣山村有一座长达百年的肖氏祠堂，原先已经破败不堪了，堆满了杂七杂八的东西。"这个祠堂就这么荒着，真是可惜，是不是拿来做点事。"曾经担任过芦溪县委宣传部副部长的肖而乾以一位文化人的视角进行判断，应该能够将它改造成为一座乡村文化大院。在肖而乾的大力倡议之下，村中最先成立祠堂管理委员会，后来经过集体决策与本人的带头，多方筹措资金，把这一老祠堂进行了修缮，创办起村级的文化大院，并且还进一步添置了各类的文体器材，开设了图书室、阅览室、球类室、棋类室、排练房、录像放映室等多种形式文体活动场所，挂起了涣山村"青少年社会教育学校""义务调解站""留守儿童之家""农家书屋"等牌子。现在，这个文化大院已经成为全村人的文化乐园。

文化大院的建设，使村中的三百余位较为清闲的老年人大受其益，肖而乾也想出了各种办法让村中的年轻人喜欢上这一老祠堂。他发现，村中的年轻人想要干事，但是往往都不知如何去干，缺乏种致富的本领。于是，在肖而乾的大力邀请之下，县科技局、农业局的相关科技人员与专家常常来到大院中上"农民文化技术学校"课。他们不仅将种养技术等相关的技术型知识讲给农民听，做给农民看，同时也带来了科技致富的书籍资料以及科技种养的光盘，每上完一堂课，这些资料与光盘往往都会被年轻人一抢而光。不但如此，肖而乾还积极主动地大力扶持青年农民进行创业兴业。村民欧阳宽雪从北京科技大学毕业后，回到涣山村创办养猪场。在创业之初，肖而乾带着他到县里四处跑，帮他解决了资金上的困难。如今，欧阳宽雪的养猪场已经走上正轨，带动周边十余户青年农民发展养猪业，成为大学生回乡创业的先进典型。

涣山村地理位置较偏，以前村民去一趟镇上，少说也得走上半小时。肖而乾认识到，要发展经济，修路是当务之急。2002年他找到村干部商议此事，又挨家挨户做通相关占地村民的工作，连好几个月，直到得到所有人的理解支持。2003年，村里的修路工程启动，肖而乾又带着村里的干部和党员，每天都在工地上挥汗如雨。村民看在眼里，纷纷加入修路的队伍中。

村里要建桥、搞绿化，他积极出钱、出力。村民家中有困难，他慷慨解囊。据不完全统计，近年来，肖而乾为村里的公益事业和救灾助困累计捐款超过6万元，而他自己却始终过着两袖清风的生活，住的房子还是三十多年前建的。

第七章 乡村人居环境治理

农村环境治理是社会主义新农村建设的核心内容之一，它和中国千家万户农民群众的生活质量息息相关，它也是缩小城乡差别，促进农村全面发展的必由之路。加强农村环境治理工作，有利于提升农村人居环境质量，有利于改善农村生产条件，有利于激发农村经济活力，有利于提高农村社会文明程度，有利于保证农村经济、社会稳定和谐发展。因此，农村环境治理工作具有非常重要的现实意义，治理工作的好坏将直接影响新农村建设的成败与否。

第一节 乡村生活环境治理

一、生活污水的收集与处理

随着我国经济的快速增长，城市化进程的加快，农村生活水平的不断提高以及农村畜禽养殖、水产养殖和农副产品加工等产业的快速发展，村镇的生活污水产生量与日俱增。而这些污水大部分未经任何处理就近直接排放到河道、湖泊，使得水体污染越来越严重，民众要求对此加强控制与治理的呼声越来越高。在此背景下，我国"十一五"规划中提出了建设社会主义新农村的重大历史任务，并明确了"生产发展、生活宽裕、乡风文明、村容整洁、管理民主"的建设目标。而加强农村生活污水的处理，是村容整治的组成部分，同时也是社会主义新农村建设的重要内容和农村人居环境改善需要迫切解决的问题。

我国村镇地域广且分布分散，社会组织结构、经济发展状况、生活水平、生活习惯等千差万别，这不仅决定了村镇生活污水的来源、水质、水量的多样性，而且增加了其处理工艺选择、工程建设与投资、运行管理模式等方面的复杂性。因此，如何控制与治理我国农村生活污水，是一个需要不断进行理论探讨与实践探索的过程。

（一）农村生活污水的特点和综合处理的必要性

1. 农村生活污水的特点

（1）水质特点

农村生活污水的来源主要有厨房洗涤污水、洗衣污水、洗浴污水、冲洗卫生间的粪便污水等。调查中发现：在各类型的生活用水中，洗衣用水量最大，一般约占各户总用水量的 60%；在人口较少的家庭，则以厨房用水为主。另外，农户卫生间中的浴缸使用频率不高。农户洗澡的污水普遍直接排到地下污水管中。农村生活污水主要有以下特点：①分布广泛且分散，污水处理率低；②浓度低、水质波动大，但性质相差不大，水中基本上不含有重金属和有毒有害物质，含有一定量的氮、磷，其可生化性强；③厕所和畜禽养殖排放的污水水质较差。农村生活污水含有机物质、氮磷营养物质、悬浮物及病菌等污染成分，各污染物排放浓度一般为：COD 为 250 ~ 400 毫克 / 升，氨氮为 40 ~ 60 毫克 / 升，总磷为 2.5 ~ 5 毫克 / 升。

（2）水量特征

农村人口居住分散，供水量相对较少，相应地产生的生活污水量也较少。但随着农村生活水平的提高及生活方式的改变，生活污水的产生量增加。由于居民生活规律相近，导致农村生活污水排放量早晚比白天大，夜间排水量小，甚至可能断流，水量日变化系数和季节性变化系数大。

2. 综合处理的必要性

近年来，随着国家经济的迅速发展，人民生活水平的不断提高，农村地区用水量也日益加大，生活污水排放量也越来越大。但由于广大农村地区缺乏足够的资金和专业的污水处理技术等原因，90% 以上的生活污水未经任何处理，直接就近排入江河湖泊。污水中含有大量的有机物和氮、磷元素，使得河流湖泊的环境容量和生态承载能力不堪重负，生态系统受到严重破坏，水污染问题日益加剧，由此引发大范围的蓝藻和水华现象，造成水质恶化，严重影响了农村地区的生态环境，并对人们的身体健康构成了极大的危害。据相关数据统计，全国七大江河水系中 V 类水质占 41%，有 80% 的河流受到不同程度的污染；农村有近 7 亿人的饮用水中大肠杆菌超标，约有 1.9 亿人的饮用水中有害物质含量超标；我国 88% 的患病人群、33% 的死亡人群均与生活用水不洁直接相关。因此，重视与加强农村地区的水污染治理工作，防止对农村及周边地区的水体、土地等自然环境造成污染，是改善和提高当前农村人居环境工作中最重要的内容之一。

（二）农村生活污水的处理原则和排放标准

1. 农村生活污水的处理原则

农村污水处理技术必须具有实用性强、效果好、成本低、维护管理方便等特点。根据村庄所处区位、人口规模、集聚程度、地形地貌、排水特点及排放要求、经济承受能力等具体情况，采用适宜的污水处理模式和处理技术。

（1）城乡统筹

靠近城镇区且满足市政排水管要求的村子，宜就近接入市政排水管网，将村庄生活污水纳入城镇生活污水收集处理系统。

（2）因地制宜

对人口规模较大、集聚程度较高、经济条件较好、有非农产业基础、处于水源保护区内的村庄，宜通过铺设污水管道收集生活污水并采用生态处理、常规生物处理等无动力或微动力生活污水处理技术集中处理后排放。对人口规模较小、居住较为分散、地形地貌复杂以及尾水主要用于施肥灌溉等农业用途的村庄，宜通过分散收集单户或多户农户生活污水，采用简单的生态处理后排放。

（3）资源利用

充分利用村庄地形地势、可利用的水塘及废弃洼地，提倡采用生物生态组合处理技术实现污染物的生物降解和氮、磷的生态去除，以降低污水处理能耗，节约建设和运行成本。结合当地农业生产，加强生活污水的源头削减和尾水的回收利用。

（4）经济适用

优先选用工程造价低、运行费用少、低能耗或无能耗、操作管理简单、维护方便且出水质稳定可靠的生活污水处理工艺。

2. 农村生活污水排放标准

污水的最终去向是制定农村生活污水处理标准的一个重要依据。污水资源化应是农村生活污水治理的方向。根据污水处理后不同的去向执行不同的排放标准，污水处理后排入地表水体时，污水排放应按《城镇污水处理厂污染物排放标准》（GB18918—2002）中一级B标准执行；用于农业灌溉时，应按《农田灌溉水质标准》（GB5084—2005）执行（表7-1）；用于渔业用水时，应按《渔业水质标准》（GB11607—1989）执行（表7-1）；做其他用途时，还应符合相关标准。

表7-1 农村生活污水处理常用的污染物指标

单位：mg/L

污染物指标	城镇污水处理厂污染物排放标准（GB18918—2002）		农田灌溉水质标准（6B5084—2005）			渔业水质标准（GB11607—1989）
	一级A	一级B	水作	旱作	蔬菜	
化学需氧量（COD）	50	60	150	200	100^a，60^b	
生化需氧量（BOD$_5$）	10	20	60	100	40^a，15^b	不超过5，冰封期不超过3
悬浮物（SS）	10	20	80	100	60^a，15^b	10
动植物油	1	3				
石油类	1	3				0.05
阴离子表面活性剂	0.5	1	5	8	5	
总氮（以N计）	15	20	12	30	30	0.05

污染物指标		城镇污水处理厂污染物排放标准（GB18918—2002）		农田灌溉水质标准（6B5084—2005）			渔业水质标准（GB11607—1989）
		一级A	一级B	水作	旱作	蔬菜	
氨氮（以N计）		5（8）	8（15）				
总磷（以P计）	2005年12月31日前建设	1	1.5	5	10	10	
	2006年1月1日后建设	0.5	1				
色度（稀释倍数）		30	30				
pH值		6～9	5.5～8.5				淡水6.5～8.5，海水7.0～8.5
粪大肠杆菌群数/（个/L）		103	104	4000	4000	2000[a]，1000[b]	5000
蛔虫卵数/（个/L）		—	2	2	2[a]，1[b]		

注：括号外数值为水温 >12℃：时的控制指标，括号内数值为水温 <12℃时的控制指标；a 为加工、烹调及去皮蔬菜，b 为生食类蔬菜、瓜类和草本水果。

（三）农村生活污水收集与处理体系建设

1. 农村生活污水收集方法

与城市相比，农村具有人口密度低、分布分散，生活污水排放面广，污水日变化系数大等特点，因此，不宜采用城市污水集中收集模式，必须根据农村实际情况，采用适合农村特点的收集方式。我国农村现有的生活污水收集方式可分为三类：市政统一收集模式、镇村集中收集模式、住户分散收集模式，其技术概况和适用条件见表 7-2。

表 7-2 不同收集方式比较

污水收集模式	技术概况	适用条件
市政统一收集模式	镇村统一铺设污水管网，污水收集后，接入附近的市政管网，进入污水处理厂统一处理	镇村内有市政污水管道直接穿过，或依靠重力流一次排入市政管网
镇村集中收集模式	镇村统一铺设污水管网，污水收集后，进入镇村污水处理站集中收集	地势平缓，居住集中
住户分散收集模式	划分不同区域，单户或邻近几户铺设污水管网，各自收集、处理、排放污水	地势高低错落，住户分散

在上述三种收集方式中，我国目前采用的均是传统的重力排水方法。

2. 农村生活污水处理体系建设

农村生活污水的收集与排放是实施污水处理的基础性工作，村庄排水体制的选择和排水管网的建设质量直接影响着生活污水收集率和处理设施的运行效果。

（1）排水体制选择

村庄排水体制的选择应结合当地经济发展条件、自然地理条件、居民生活习惯、原有排水设施以及污水处理和利用等因素综合考虑确定。新建村庄、经济条件较好的村庄，宜选择建设有污水排水系统的不完全分流制或有雨水、污水排水系统的完全分流制。经济条件一般且已经采用合流制的村庄，在建设污水处理设施前应将排水系统改造成截流式合流制或分流制，远期应改造为分流制。

①完全分流制具有污水和雨水两套排水系统，污水排至污水处理设施进行处理，雨水通过独立的排水管渠排入水体；

②不完全分流制则只有污水系统而没有完整的雨水系统。污水经污水管道进入污水处理设施进行处理；雨水自然排放；

③截流式合流制是在污水进入处理设施前的主干管上设置截流井或其他截流措施。晴天和下雨初期的雨污混合水输送到污水处理设施，经处理后排入水体；随着雨量增加，混合污水超过截流干管的输水能力后，截流井截流部分雨污混合水直接排入水体。

（2）排水管网

①雨水管道

雨水应就近排入水体，选择沟渠排放时宜采用暗沟形式，断面一般采用梯形或矩形，排水沟渠的纵坡不应小于0.3%，沟渠的底部宽度一般在200～300毫米，深度一般在250～400毫米。

选择管道排放时雨水管宜根据地形沿道路铺设，行车道下覆土不应小于0.7米。雨水管道管径一般为300～400毫米，管道坡道不应小于0.3%，每隔20～30米应设置雨水检查井。雨水检查井宜选用600×600～800×800方井或d700的圆井，雨水检查井距离建筑外墙宜大于2.5米，距离树木中心大于1.5米。

②污水管道

污水管道管径一般为150～300毫米，每隔30～40米应设置污水检查井，污水检查井宜选用600×600方井或d700的圆井，其他要求同雨水管道设计要求。生活污水接户管应接纳厨房污水和卫生间的冲厕、洗涤污水。生活污水接户管埋深不宜小于米；卫生间冲厕排水管径不宜小于100毫米，坡度宜取0.7%～1.0%；生活洗涤水排放管管径不宜小于50毫米，坡度不宜小于2.5%；厨房污水宜接入化粪池，并设存水弯，以防止气味溢出。

（四）农村生活污水处理技术

1. 技术选择原则

针对村镇污水分散、量小、变化量大的特点，在选择处理技术时应充分考虑以下几个方面。处理工艺运行稳定，能够使污水稳定达标排放，出水可实现直接回用于生活用水或景观、灌溉用水。技术的一次性投资建设费用相对较低，应在镇、乡、村的现有财政能力可承受范围之内。运行费用少，不使用化学药剂，电耗低。设备的运行费用必须与村镇地区居民的承受能力匹配，在对当地村镇技术员进行培训后能使之正常运营和维护。应结合当地的自然地理条件，如利用当地废塘、涂滩、废弃的土地，同时注意节省占地面积，特别是不占用良田。运行和管理较简单，设备对用户的操作水平要求不高，因此，要求设备具有较高的自动控制水平，依托农村地区薄弱的技术和管理能力便能够进行处理设施的管理维护工作。

2. 技术方法

目前，我国的农村生活污水处理技术种类很多，按其原理可分为三类：生物处理技术、生态处理技术和物化处理技术。

（1）生物处理技术

①好氧生物处理技术

根据污泥的状态，好氧生物处理技术可分为活性污泥法和生物膜法两大类。其中，活性污泥法的运行成本较高，还存在污泥膨胀问题，因此，不适合在农村地区使用。相比较而言，生物膜法更易于维护管理，且无污泥膨胀问题，可在用地受限时考虑采用，具体包括以下几种方法：

· 生物接触氧化法：在生物滤池的基础上，通过接触曝气形式改良而演变出的一种生物膜处理技术。生物接触氧化池操作管理方便，比较适合农村地区使用。

· 好氧生物滤池：一般以碎石或塑料制品为滤料，将污水均匀地喷洒到滤床表面，并在滤料表面形成生物膜。污水流经生物膜后，污染物被吸附吸收。好氧生物滤池可分为普通生物滤池、高负荷生物滤池和塔式生物滤池三类。其中，塔式生物滤池处理效率高、占地面积小，且可通过自然通风供氧节省能耗，因此，更适用于处理农村生活污水。塔式生物滤池由顶部布水，污水沿塔自上而下流动，在自然供氧的情况下，使好氧微生物在滤料表面形成生物膜，去除污水中呈悬浮、胶体和溶解状态的污染物质。

· 鲁蚯蚓生物滤池：根据蚯蚓具有提高土壤通气透水性能和促进有机物质的分解转化等功能而设计，是一种既可高效、低耗去除污水中的污染物质，又可大幅度地降低污泥产率的污水处理技术。

②厌氧生物处理技术

厌氧生物处理技术无须曝气充氧，产泥量少，是一种低成本、易管理的污水处理技术，能够满足农村生活污水处理的技术要求。

· 污水净化沼气池：由沼气池和厌氧生物滤池串联而成，可几户合建或单户修建，布置灵活，在我国四川、江苏、浙江等省农村地区均有应用。

· 厌氧生物滤池：其构造类似好氧生物接触氧化池，不同之处在于池顶密封，其工程投资、运行费用低，对维护人员的要求不高，目前已在我国农村应用。

· 复合厌氧处理技术：是厌氧活性法和厌氧生物膜法相结合的处理方法。上海市政工程设计研究总院自主开发的复合厌氧反应器由轻质滤料层、悬浮厌氧污泥床等组成，经厌氧活性污泥和生物膜的双重协同作用，污染物去除效率极大提高。此外，通过在反应器中设置特殊轻质滤料层，可以有效防止污泥流失，提高反应器的容积负荷和处理效果。

（2）生态处理技术

①人工湿地

人工湿地处理系统源于对自然湿地的模拟，主要利用自然生态系统中植物、基质和微生物三者的协同作用实现水质的净化。人工湿地主体由土壤和按一定级别充填的填料等组成，并在床表面种植水生植物而构成一个独特的生态系统。人工湿地处理系统净化效果好、工艺设备简单、维护管理方便、运行费用低、生态环境效益显著，但进水负荷要求较低、占地面积较大，因此，适用于远离城市污水管网、资金少、技术人才缺乏、有土地可资利用的中小城镇和农村地区。

②土地处理

土地处理技术是在人工调控下利用土壤—植物—微生物复合生态系统，通过一系列物理、化学、生物作用，使污水得到净化并可实现水分和污水中营养物质回收利用的一种处理方法。根据水流运动的流速和流动轨迹的不同，土地处理系统可分为四种类型：慢速渗滤系统、快速渗滤系统、地表漫流系统和地下渗滤系统（即毛细管土地渗滤处理技术）。

③稳定塘

稳定塘是经过人工适当修整后设围堤和防渗层的污水池塘，其净化原理类似自然水体的自净机理，通过微生物（细菌、真菌、藻类、原生动物等）的代谢活动以及相伴的物理、化学、物化过程，使污水中污染物进行多级转换、降解和去除。稳定塘建造投资少、运行维护成本低、无须污泥处理，但负荷低、占地大、受气候影响大、处理效果不稳定。为进一步强化处理效果，国内外相继推出了许多新型塘和组合塘。如装有连续搅拌装置的高效藻类塘、利用水生维管束植物提高处理效率的水生植物塘、多个好氧和厌氧稳定塘相连的多级串联塘以及高级综合塘等。

（3）物化处理技术

污水的物化处理方法主要包括混凝、气浮、吸附、离子交换、电渗析、反渗透和超滤等。在各种物化处理技术中，仅混凝技术相对符合农村要求，其最大优点是能够根据污水中污染物的性质，选取合适的絮凝剂，保证污染物质的高效去除。混凝技术对悬浮物、金属离子、胶体物质和无机磷去除效果好，但对有机物和氮的去除能力相对较弱，且运行过程中需要连续投加药剂，故运行成本较高。在我国农村地区，混凝技术主要用作生态处理系统的前处理措施或化学除磷，如上海市崇明县前卫村在人工湿地之前采用混凝强化处理技术，降低人工湿地处理负荷和保证处理效果。

二、农村垃圾的收集与处理

我国农村生活固体垃圾的排放量不断增长，主要构成成分也逐渐复杂化，从而使得农村固体生活垃圾的治理难度不断加大。为了提高我国农村地区生活固体垃圾的治理水平，首先，要设立乡镇级环境管理机构，完善法规制度，加大政府投资力度；其次，要建立健全村级保洁制度，发动群众参与，并引入市场运作机制；最后，还需要实行源头分类收集。

（一）农村垃圾的特征和处理的必要性

1. 农村垃圾的特征

随着我国农村经济与农民收入水平的快速提高，农村固体生活垃圾的产生与排放的数量快速增加，已经严重影响了农村环境、农民健康和农业可持续发展，成为我国建设社会主义新农村必须面对和尽快解决的问题。归结起来，我国农村生活固体垃圾的排放具有以下几方面的特征：从生活固体垃圾的排放量来看，农村生活垃圾的数量与日俱增且呈现逐年上涨趋势；从排放的生活固体垃圾的构成来看，我国农村生活垃圾排放呈现复杂化与高污染化的特征；从生活固体垃圾处理状况看，由于村落布局不合理、垃圾处理设施不完善、村民环保意识差等原因，导致农村生活固体垃圾处理率低、排放无序。

2. 农村垃圾处理的必要性

近年来，我国经济一直保持着较快的增速，而城乡之间的差距也在逐渐拉大。经济上的落差正随着政府积极政策的推进有所改善，然而，由于城乡公共服务的不同，农村的垃圾处理建设长期以来落后于城市，而且存在差距越来越大的倾向。因此，加强农村垃圾处理是缩小城乡差距的需要。此外，加强农村垃圾处理是改善农村人居环境的需要，是提高农村人民生活质量的需要，是促进农村经济可持续发展的需要，是维护农村生态系统平衡的需要。

目前我们缺乏关于农村生活固体垃圾的统计数据，很多研究都是基于研究者自己的实地调研而估计的。尽管如此，从已有文献中我们还是不难发现农村生活固体垃圾的数量在不断增长，人均排放量逐渐接近城镇的水平。因此，农村垃圾处理不仅仅是全社会必须正视并重视的一个问题，同时也是建设和谐美好农村必须解决的问题。

（二）农村生活垃圾收集处理的原则与要求

1. 加强源头分类

对于距离垃圾收集点较近的住户鼓励他们自觉地将自家产生的垃圾进行简易分类并投放到指定收集点。对于距离较远的住户，应先将自家产生的垃圾进行简易分类，同时在每家或几家住户门前设立小型垃圾箱，由拖拉机、三轮车等源头收集车辆统一收集并运送到每村的垃圾收集点。将垃圾收集点设在敏感目标缓冲区外，从而将环境污染降到最低。垃圾收集备选点应定在交通条件较好、有利于垃圾收集车进入的道路上。考虑经济、人口、社会等多方面因素对备选点进行灵活调整，以适应不同地区的特殊情况。

对于有垃圾压缩车的地区可采用与其配套的可移动式大型垃圾箱作为垃圾收集点容器，条件较差的地区可采用防渗式露天垃圾池，同时应结合地域气候差异设计不同的垃圾收集点，如常年大风地区应对垃圾收集点进行防风处理，防止垃圾污染周边环境；多雨地区应加固防渗措施，防止污染地下水及土壤。实践表明建立收集转运设施的农村，生活垃圾所带来的污染问题基本能得到很好的解决，同时收运过程中产生的噪声、臭气、压滤液对当地环境影响较小。因此，在农村地区建立完整的垃圾收集转运处理模式对垃圾的收集处理起到非常重要的作用，可以把生活垃圾对环境的影响减到最小。建议在每一个自然农村、村屯建立垃圾收集站，采用直接转运模式或一级转运收运模式。

2. 因地制宜地开展

农村生活垃圾污染防治应立足于农村实际，充分考虑不同地区的农村社会经济发展水平、自然条件及环境承载力等差异，遵循城乡统筹、因地制宜的原则，统筹城乡生活垃圾污染防治基础设施建设，实现农村生活垃圾污染处理及资源化基础设施城乡共建共享、村村共建共享，以推动农村生活垃圾污染防治工作。

3. 加大资金和基础设施投入

（1）设立生活垃圾治理的专项资金

农村生活垃圾处理与管理是一项耗资巨大的工程，各级政府须加强对农村生活垃圾处理的资金投入，逐步规范村、乡（镇）、县（市）三级投入和补助标准，做到生活垃圾处理费用专款专用。由农村基层行政部门领导居民共同设立专项资金，居民按照"谁污染谁收费"原则来承担生活垃圾处理责任，一方面可以减少居民生活垃圾的产生量；另一方面也为生活垃圾治理提供了资金保障。

（2）加强农村生活垃圾处理基础设施建设

积极探索适合不同区域特征的城乡统筹环境基础设施建设的道路，提高农村环保技术装备水平。在城乡接合部和近郊区经济基础较好的农村地区，可考虑和城市一起统一规划、统一处理的原则，纳入市处置系统进行统一处置。推进城乡垃圾一体化收集处置体系建设，加快镇（乡）垃圾中转设施，城镇或区域生活垃圾无害化集中处理设施建设，积极开展现有生活垃圾处理设施的无害化改造或封场，确保集中收集的农村生活垃圾得到无害化处置。偏远农村建议分类收集、就地处理，有机垃圾和无机垃圾分类收集，同时加强农村有机垃圾资源化基础设施资金投入力度，完善农村垃圾处理设施建设。

4. 加大科研投入和成果转化

（1）加强生活垃圾处理污染防治技术研究

当地政府及各级科技主管部门应将生活垃圾处理技术纳入相关科技计划，加大支持力度。投入专项经费开展农村生活垃圾处理处置的专项研究，研究开发实用性强、小型灵活且适合农村地区的生活垃圾处理处置的新技术与设备。

（2）提高农村生活垃圾处理技术设施水平

针对农村垃圾的特点开展工程示范。加强技术集成，加快农村生活垃圾设施标准化、现代化和国产化的水平。

（三）农村垃圾收集处理体系建设

我国农村生活固体垃圾基本上处于"无序"状态。也就是说不管是地方政府还是当地村民，都没有将垃圾的处理纳入日常管理活动中，因而导致垃圾随处可见。此外，不少地区还存在城市垃圾向乡镇转移的现象。根据中国城市环境卫生协会 2009 年的统计，在全国人口小于一万人的近万个小城镇中具有垃圾处理设施的只有 27 个，绝大多数小城镇的垃圾处理还处于原始的自然堆放状态。近年来，随着新农村建设和乡村清洁工程的推进，一些地区在农村生活垃圾的管理方面逐渐摸索出一些新的模式。其中一个重要的模式是推行城乡环卫一体化管理，即把城市垃圾管理体系延伸到农村，对农村垃圾实行统一管理、集中清运和定点处理。也有些区域借鉴城市社区垃圾管理办法，根据不同村镇经济实力选择自觉收集、义务清扫、有偿包干和物业管理相结合的农村多样化保洁制度。自觉收集就是要求每个农户生活垃圾装入垃圾袋筒，方便统一运送与管理。还有些地区针对农村生活固体垃圾的特点，摸索出了就地减量化分类处理的管理模式。总之，农村生活固体垃圾处理体系建设因地制宜，最终使得农村生活固体垃圾处理在有序的管理体系下进行。

（四）农村垃圾收集与处理技术

1. 垃圾处理模式

（1）城乡一体化处理模式

一些经济发达的农村地区或城镇周边的农村地区，采用有机垃圾和无机垃圾分类收集方式。无机垃圾可结合城市生活垃圾管理体系，执行"村收集—镇运输—县（市）处理"的垃圾收集运输处理系统，实施城乡一体化管理。厨余等有机垃圾分开收集堆肥，分类收集的有机垃圾可采用静态堆肥或能源型生态模式（如秸秆气化、沼气发酵）处理。

（2）源头分类集中式处理模式

对于我国大部分平原型农村，经济一般、与县市距离在 20 公里以上的农村，可考虑集中力量建立覆盖该区域周围村庄的垃圾收集、转运和处理设施，实现垃圾的分类收集、集中处理。要求村民每天产生的生活垃圾首先要进行分类，将垃圾内的有机物、废金属、废电池、废橡胶、废塑料以及泥沙等进行分离，可回收部分由废品回收人员收购，餐厨等有机垃圾集中式堆肥、不可回收垃圾进入村镇垃圾处理场集中填埋处理。村镇垃圾处理场可利用区域废弃土地建设简易填埋场，但场地应具有承载能力，符合防渗要求，远离水源。

（3）源头分类分散处理模式

对于我国部分山区农村、远郊型农村和其他偏远落后农村，经济欠发达、交通不便、人口密度低、距离县市 20 公里以上的农村可考虑源头分类分散处理模式。该模式要求村民首先要对生活垃圾进行源头分类，可回收垃圾由废品回收人员收购，厨余垃圾、灰土垃圾（占农村生活垃圾总量的 60% 以上）不出村或镇就地消纳，可以大大地减少传统模式的垃圾收集、运输和处理过程中的固定设施投入和运营成本，并且杜绝了对环境的二次污染。剩余的少部分不可回收垃圾进入分散式村镇垃圾处理场填埋处理。分散式村镇垃圾处理场要避开地下水位高、土壤渗滤系数高、农村水源地或丘陵地区。

2.生活垃圾处理技术

国内外有关生活垃圾处理技术的理论研究和工程实践中较为成熟且常用的生活垃圾处理技术主要有填埋、高温堆肥、焚烧。

（1）填埋

填埋技术作为生活垃圾的最终处理方法是解决生活垃圾出路的最主要方法。填埋法可分为简单填埋法和卫生填埋法。简单填埋设施简单，只有土堤围坝压实填埋，投资小，工艺简单；缺点是没有污染防治设施，垃圾产生的废液和废气对水体和大气环境容易造成污染，也是鼠、绳滋生地，已不提倡使用。卫生填埋是利用工程手段，采用有效技术措施，防止渗漏液及有害气体对水体和气体的污染，并将垃圾压实至最小，隔一段时间用土覆盖，是一种无害化处理垃圾的方法，其缺点是投资大、占地多，存在渗漏液继续渗出污染环境的危险等。

（2）高温堆肥

中国常用的生活垃圾堆肥技术可分为简易高温堆肥和机械高温堆肥。前者工程规模较小，机械化程度低，采用静态发酵工艺，环保措施不齐全，投资及运行费用低，一般在中小城市应用；后者工程规模大，机械化程度高，一般采用间歇式动态好氧发酵工艺，有较齐全的环保措施，投资及运行费用较高。

（3）生活垃圾焚烧技术

焚烧法适合用于平均低位热值高于 5000 千焦 / 千克的生活垃圾，可以将垃圾燃烧产生的热量用于供热或发电。其缺点是投资大，垃圾所需低位热值较高，燃烧过程可能产生二噁英污染。

第二节　农田生产环境治理

一、秸秆收集与处理

（一）农村秸秆产生特征和综合处置的必要性

1.农村秸秆产生特征

农作物秸秆是籽实收获后剩留下的含纤维成分很高的作物残留物，主要包括禾谷类、豆类、薯类、油料类、麻类以及棉花、甘蔗、烟草、瓜果等多种作物的秸秆。农作物秸秆是农作物的主要副产品，是自然界中数量极大且具有多种用途的可再生生物质资源，约占我国生物质总资源量的一半，是当今世界上仅次于煤炭、石油和天然气的第四大能源，占世界能源总消费量的 14%。

（1）秸秆资源分布广、种类多、产量大

我国是一个农业大国，拥有耕地约为 1.217 亿公顷，农作物秸秆的产量约 7 亿吨，年产农作物秸秆数量相当于北方草原打草量的 50 多倍，秸秆产量约占全世界秸秆总量的 30%，位列世界之首。我国在 2006—2010 年秸秆总量呈增长态势，到 2010 年已经达到 8 亿吨，相当于 3.5 亿～4.0 亿吨标准煤。我国的农村主要有玉米秸秆、水稻秸秆、小麦秸秆，分别占总量的 36.7%、27.5%、15.2%，粮食作物秸秆占总量的 90.5%。50% 以上的秸秆资源集中在四川、河南、山东、河北、江苏、湖南、湖北、浙江等省份，西北地区和其他省份秸秆资源分布量较少。水稻秸秆主要分布在长江以南的诸多省份，小麦和玉米秸秆主要分布在黄河与长江流域之间以及黑龙江和吉林等省份。

（2）农作物秸秆质量

农作物秸秆具有极高的利用价值。①农作物秸秆热值高，大约相当于标准煤的 1/2。经测定，秸秆热值约为 15000 千焦 / 千克；②农作物秸秆含有多种可被利用的有用成分，除了绝大部分碳之外，还含有氮、磷、钾、钙、镁、硅等矿物质元素，有机成分有纤维素、半纤维素、木质素、蛋白质、脂肪、灰分等，这些物质都可以作为资源加以利用。

使用（含秸秆新型能源化工利用）占 17.8%。

（1）作饲料

农作物秸秆可以直接用作食草动物的饲料，但存在适口性差、消化率低的问题，而经特殊工艺加工的秸秆饲料，可以提高采食率和消化率，使秸秆的营养价值得到充分利用。近年来，我国秸秆饲料化利用主要有以下四种途径：

①秸秆氨化

秸秆氨化是一种比较成功的处理方法，有利于牲畜消化吸收，更重要的是氨化可使秸秆的粗蛋白质含量显著提高。实践研究表明，用含氮的化学物质（如氨水、尿素等）处理秸秆，可使采食率提高 20%～30%，消化率提高 20% 左右，能量价值提高 80% 左右，粗蛋白含量提高 4%～6%，总营养价值提高 1～1.8 倍。

②秸秆青贮及微贮

秸秆青贮是在农作物腊熟期完成种子或果实收获后，即刻进行秸秆粉碎，随即装入塑料袋或青贮池中，压实、排除空气并保持适当的含水量，最后密封保存。这种方法能使植物中的营养成分得以保存，并能提高适口性和消化率。秸秆微贮是在贮存秸秆的过程中加入微生物菌剂或者微生物与酶的复合生物添加剂，通过这些有益微生物和酶的作用，使秸秆发酵变为质地柔软、膨松润滑、酸香适口的粗饲料。

③秸秆颗粒饲料

将晒干后的秸秆粉碎，加入其他添加剂并搅拌均匀，经研磨、挤压等程序加工成仅为原来体积 5% 的秸秆颗粒饲料，不仅为储存、运输和销售提供了极大的便利，同时由于在加工过程中摩擦加温，使秸秆内部深度熟化、硬度降低，适口性、采食率和营养价值显著提高。

④秸秆单细胞蛋白饲料

目前，秸秆经微生物发酵转化生产蛋白质饲料或单细胞蛋白有一定进展。以玉米秸秆为原料，利用混菌发酵技术使发酵后玉米秸秆蛋白含量达到 11.45%，接近小麦的蛋白质含量，同时经混菌发酵后玉米秸中的粗纤维含量降低，有利于动物的消化吸收，大大地提高了玉米秸秆的营养价值。

（2）作能源

随着石化能源的日趋枯竭和经济发展中能源短缺矛盾的日益突出，秸秆能源化利用技术的研究与开发取得了很大的进展。

①秸秆直燃供热

作为传统的能量转化方式，直接燃烧具有经济方便、成本低廉、易于推广的特点，可在秸秆主产区为中小型企业、政府机关、中小学校和相对比较集中的乡镇居民提供生产、生活热水和用于冬季采暖。

②秸秆制沼

秸秆制沼历史悠久，它是多种微生物在厌氧条件下将秸秆降解成沼气，并副产沼液和沼渣的过程。沼气含有 50% ~ 70% 的甲烷，是高品位的清洁燃料，它可在稍高于常压的状态下通过 PVC 管道供应农家，主要用于炊事、照明、果品保鲜等。因此，秸秆制沼不仅可以优化农村能源结构，节约不可再生能源的消耗，还具有良好的经济、环境和生态效益。

③秸秆固化成型

秸秆有机质纤维素、半纤维素和木质素通常在 200℃ ~ 300℃ 下软化，将其粉碎后添加适量的黏结剂和水混合，施加一定的压力使其固化成型，即得到棒状或颗粒状"秸秆炭"，若再利用炭化炉可将其进一步加工处理成为具有一定机械强度的"生物煤"。

④秸秆气化

秸秆气化是高效率利用秸秆资源的一种生物能转化方式。将农作物秸秆粉碎后作为原料，经过气化炉热解、氧化和还原反应转变成为一氧化碳、氢气、甲烷等无尘、无烟、无污染的可燃气体，再经过净化、除尘、冷却、加压储存，通过输配系统或储气罐送往用户，作为生活燃料或生产用能源。一个四口之家用一吨秸秆就可生产 2000 立方米的秸秆气，能满足全家一年的生活用气。

⑤秸秆液化

2006 年 6 月，中国科学技术大学生物质洁净能源实验室研制的秸秆冶炼生物油技术通过了中试，出油率高达 60%，生产成本约为 790 元 / 吨。另外，2006 年 8 月，由山东泽生生物科技有限公司与中国科学院过程工程研究所联合启动的"秸秆酶解发酵乙醇新技术及其产业化示范工程"项目，已通过清华大学教授费维扬院士组成的专家鉴定委员会鉴定，他认为，该项目技术已达到国际领先水平。这个年产 3000 吨秸秆发酵生产燃料乙醇示范工程，与传统的酸水解方法不同，首创了秸秆无污染汽爆等技术，并建成了目前世界上最大的110立方米固态菌种发酵反应器，形成了工业生产工艺体系。国家"十一五"规划纲要明确提出，"十一五"时期要扩大燃料乙醇生产能力。为了扩大生物燃料来源，我国已开始以甜高粱、木薯、红薯、芸豆、大豆、油菜籽、麻风树、黄连木以及农林废弃物纤维素等制取燃料乙醇或生物柴油的研究。

⑥秸秆发电

2003年以来，国家发展和改革委员会先后批复了江苏如东、山东单县和河北晋州三个国家级秸秆发电示范项目，总装机容量8万千瓦，拉开了我国秸秆发电建设的序幕。在《可再生能源法》及其配套政策的支持下，我国秸秆发电迅速发展。

（3）作肥料

①直接还田，即在农作物收获时或收获后，使用联合收获机械把秸秆就地粉碎均匀抛撒，然后进行耕翻掩埋；②覆盖还田，即在作物生长期间，于株间或行间覆盖作物秸秆，既可保温，又可增肥；③残茬还田，在作物收获时有意识地留出高茬，作为下一季作物的肥料；④堆沤还田，就是将秸秆粉碎后，与牲畜粪便混合然后添加一定量的生物腐熟剂，利用生物发酵原理，缩短秸秆熟化周期制成有机肥；⑤烧灰还田，即将秸秆焚烧后的草木灰当钾肥还田；⑥过腹还田，即用秸秆饲喂畜禽，然后将畜禽的粪尿作肥料还田。利用多种形式的秸秆还田，不仅可以增加土壤有机质和速效养分含量，培肥地力，还可以有效缓解氮、磷、钾比例失调的矛盾，调节土壤物理性能，改造中低产田，形成土壤有机质覆盖，抗旱保墒，还可以增加作物产量，优化农田生态环境。

（4）作工业原料

①造纸工业的主要原料，且前用于造纸的麦草量占可提供资源量的20%左右，仍有相当潜力；②用作建筑装饰材料，如秸秆轻体板、轻型墙体隔板、黏主砖、蜂窝芯复合轻质板等，这些材料成本低、重量轻、美观大方，且生产过程中无污染，在建材领域内的应用已相当广泛，很有发展前景；③生产可降解的包装材料，如一次性餐具、快餐盒和筷子，制造包装缓冲衬垫材料；④生产工业原料，如淀粉、酒精、糠醛、木糖醇、羟甲基纤维素等；⑤用于编织业，如草帘、草苫、草帽、草席、草垫等多种工艺品和日用品，编织的草帘、草苫可用作蔬菜温室大棚的保温材料。

（5）作基料

农作物秸秆含有食用菌生长所需要的碳、氮及矿物质等营养素，通过机械粉碎可作为培养食用菌的基料。此项技术投资少、见效快、收益高，生产的品种主要有各种平菇、香菇、金针菇、白蘑菇、白木耳、黑木耳以及兼有药用价值的猴头菇、灵芝等20多种。

农作物秸秆是一种宝贵的可再生资源，随着石化资源的日趋枯竭和秸秆焚烧污染环境问题的日益突出，提高农作物秸秆的综合利用水平，实现深层次、多途径综合利用方式是人们对可持续发展、保护环境和循环经济的追求。我国农作物秸秆资源丰富，分布广、种类多、产量大、质量高，其综合利用潜力巨大，发展前景十分广阔。

3.农村秸秆综合处置的必要性

我国每年农作物秸秆资源量约占生物质资源量的近一半。农作物秸秆是一种宝贵的可再生资源，但是长期以来由于受消费观念和生活方式的影响，我国农村秸秆资源完全处于高消耗、高污染、低产出的状况，相当多的一部分农作物秸秆被弃置或者进行焚烧，没有得到合理开发利用。据调查显示，目前我国秸秆大部分未加处理，经过技术处理后利用的仅约占2.6%。

因此，综合利用农作物秸秆资源对于节约资源、保护环境、增加农民收入、促进农业的可持续发展都具有重要的现实意义。

（1）秸秆综合利用是缓解资源约束的重要补充

①秸秆作为优质的生物质能可部分替代和节约化石能源，减少对化石能源的依赖。按热值测算，两吨秸秆相当于一吨标准煤，开发利用秸秆能源，可有效增加农村地区的能源供应，改善能源结构，减少二氧化碳排放；②秸秆含有丰富的有机质、氮磷钾和微量元素，是一种具有多用途和可再生的生物资源，也是农业生产重要的有机肥源。据测算，7亿吨秸秆中含氮350万吨、磷80万吨、钾800万吨，相当于2010年全国化肥施用总量的1/5左右；③秸秆纤维是一种天然纤维素纤维，生物降解性好，可替代木材用于造纸、生产板材、制作工艺品、生产活性炭等，节约大量木材，保护宝贵的森林资源；④秸秆含有丰富的营养物质，四吨秸秆的营养价值相当于一吨粮食，可为畜牧业持续发展提供物质保障。

（2）秸秆综合利用是减轻环境压力的有效手段

长期以来，秸秆一直是我国农民生活的基本燃料和农业生产的物质资料。随着农民生活水平的提高，不再使用秸秆作为家用燃料，而选用商品能源等，传统的秸秆利用途径发生了历史性的转变。秸秆出现季节性、地区性、结构性过剩，大量秸秆得不到收集利用，每逢农忙期间，秸秆遍地焚烧现象依然严重，屡禁不止。秸秆违规焚烧，不仅浪费了宝贵的资源，而且严重污染大气环境，威胁交通运输安全，影响城乡居民生活。特别是2011年6月，有关媒体报道的"江浙一些地区焚烧秸秆致多人死伤"，对人民群众生命安全造成严重危害。通过秸秆综合利用，可有效地改善农村公共卫生环境，有助于整治农村环境脏乱差的局面，提高农村生活质量，促进社会主义新农村建设。

（3）秸秆综合利用是促进农民增收的有效途径

随着科学技术的不断发展，秸秆的利用从农业、农村的原始利用扩展到工业化的多元深加工利用。秸秆综合利用有着较好的市场前景。秸秆收集、储存、运输、加工可为农民提供大量的就业机会，增加农民收入。按照目前的市场测算，一吨秸秆的价格在200～250元，秸秆综合利用率若增加10%，即消化7000万吨秸秆，可直接为农民至少增收140亿元。建设一条年产五万立方米的秸秆人造板生产线可消纳秸秆6.5万吨，直接提供200个就业岗位，同时可以带动周边秸秆收集、运输、储存等服务业发展，间接增加就业岗位400个。发展秸秆综合利用，既可有效解决农村剩余劳动力的就业问题，又可提高农民的收入水平。

（4）秸秆综合利用有利于农业的可持续发展

秸秆在农田生态系统中具有重要的地位，秸秆的处置方式直接关系到农田生态系统中物质、能量的平衡与失调。秸秆作为重要的生物质资源，总能量基本和玉米、淀粉的总能量相当。秸秆燃烧值约为标准煤的50%，秸秆蛋白质含量约5%，纤维素含量在30%左右，还含有一定量的钙、磷等矿物质，1吨普通秸秆的营养价值平均与0.25吨粮食的营养价值相当。专家测算，每生产1吨玉米可产2吨秸秆，每生产1吨稻谷或小麦可产1吨秸秆。由此可见，对农作物秸秆的综合利用无论是社会效应还是经济效应都是相当可观的。因此，开发利用秸秆已经成为农业生产资源开发和环境保护的新焦点，提高农作物秸秆综合利用水平，是实现高产高效农业、促进农村经济发展和帮助农民致富、实现农业可持续发展的重要途径。

（二）农村秸秆收集与处理的原则与要求

1. 疏堵结合，以疏为主

加大对秸秆焚烧监管力度，在研究制定鼓励政策，充分调动农民和企业积极性的同时，对现有的秸秆综合利用单项技术进行归纳、梳理，尽可能地物化和简化，坚持秸秆还田利用与产业化开发相结合，鼓励企业进行规模化和产业化生产，引导农民自行开展秸秆综合利用。

2. 因地制宜，突出重点

根据各地种植业、养殖业的现状和特点，秸秆资源的数量、品种和利用方式，合理选择适宜的秸秆综合利用技术进行推广应用。在满足农业利用的基础上，合理引导秸秆成型燃烧、秸秆气化、工业利用等方式，逐步提高秸秆综合利用效益。做好机场周边、高速公路沿线和大中城市郊区的秸秆综合利用工作，以有效防止对交通运输和城乡居民生活造成严重危害。

3. 依靠科技，强化支撑

加强技术集成配套，建立不同类型地区秸秆综合利用的技术模式，强化技术支撑；依靠科技入户、新型农民培训、科技特派员、星火12396等项目，强化技术培训和指导，推广简捷实用的秸秆综合利用技术，促进技术普及应用；大力开发操作简便、集约利用水平高的实用新技术。

4. 政策扶持，公众参与

统筹考虑国家对秸秆综合利用的扶持政策情况，进一步加大政策引导和扶持力度，充分发挥市场配置资源的作用，鼓励社会力量积极参与，形成以市场为基础、政策为导向、企业为主体、农民广泛参与的长效机制。

（三）农村秸秆收集体系建设

农作物秸秆收集是秸秆综合利用的基础，狭义的农作物秸秆收集体系建设包括秸秆从产生到综合利用所需的技术和配套设备，鼓励发展农作物联合收获、粉碎还田、捡拾打捆、贮存运综全程机械化，建立和完善秸秆田间收集体系。不同的作物种类，其种植方式和特征不同，需要的秸秆收集配套设备不同。

广义的秸秆收集体系建设应建立以企业为龙头，农户参与，县、乡（镇）人民政府监管，市场化推进的秸秆收集和物流体系。鼓励有条件的地方和企业建设必要的秸秆储存基地。应从机制、政策、研发、宣传等方面开展秸秆收集体系建设。

1. 建立健全秸秆收集服务体系

农村秸秆收集服务体系连接着秸秆利用的各个环节，要加快建立健全政府推动、企业和合作组织牵头、农户参与、市场化运作的服务体系。为适应当前农村自给自足的小农经济生产方式，必须从机制创新上做文章。可充分利用原有的粮、棉等收贮机构的人员和场地，建设完备的收贮站点网络和交易平台；按照各行业秸秆利用标准，规范收贮中心及站点建设，应配备相应的秸秆工艺处理设备和必备的贮运设施，有完善的防雨、防潮、防火、防雷和晒等设施；鼓励发展经纪人团体或组建专业收贮运公司，将广大农户有效地组织起来，采取加盟连锁等现代运作方式，将秸秆原料生产与供应纳入物流体系。

2. 出台相应的秸秆收集扶持政策

尽管秸秆利用产业有许多优势，但当前还面临许多困难难以克服，特别是在发展的初期，政府的扶持十分必要。各地政府部门应安排专项资金，并引导社会和企业自筹资金，主要用于秸秆收集技术和设备的研发、设施购置、体系建设和示范点项目的建设。建议财政部门对主动收集并出售秸秆的农户给予每亩20～30元的经济补贴，将秸秆收集、贮藏、运输设备列入农机补贴政策范围，让从事秸秆收贮运的组织和个人也享受到国家农机补贴；国土部门对秸秆收集中心、收贮点和堆场用地给予支持，简化办证手续，免费办理临时用地和建筑的手续；交通部门提供专用的"绿色通道"，并减免过路、过桥费，以降低原料低成本；针对秸秆收购的无序竞争和价格的随意上涨等问题，政府应出台相关管理办法，规范收贮运行为，将秸秆纳入农产品市场管理范围，引导签订产供销合同，保障企业秸秆原料的来源稳定，真正使农民得实惠、企业增效益，实现互利共赢。

3. 解决秸秆收贮运的技术难题

尽快在引进消化吸收国外先进技术的基础上，通过自主创新，形成我国秸秆收贮运的经济、实用、高效的技术体系，有效解决打包难、破料难、运输难等问题。完善我国的秸秆田间机械化处理系统，积极探索农作物收割、捡拾打捆一机完成的秸秆收集方式，开发适用于农村小面积耕种、操作方便、性能可靠、使用安全的高效节能的秸秆收获机械设备，争取在秸秆机械化收割、打捆、粉碎、打包等方面取得进一步突破；研究、推广运量大、易装卸、行驶安全、适于短途运输的农机工具；建立有关的行业标准和技术规程，使秸秆产业化利用走上规范化道路；探讨秸秆运输量、压缩密度、能源消耗、运输距离等因素与成本的关系，确定秸秆收贮运的最优模式。

4. 推广秸秆收贮运的实用技术

以秸秆为原料的资源利用产业是农村中朝气蓬勃的产业，尤其在当前我国大力倡导低碳经济的背景下，更要树立"秸秆资源"的思想，要把秸秆资源化利用置于可持续发展战略之中，将推进秸秆综合利用与社会主义新农村建设、农业增产增效和农民增收有机结合起来。

通过电视、报纸、广播等新闻媒体，加大秸秆收贮运新型机具和技术的推介力度，引导广大群众购买新机具、更新老设备；采用编发简报、明白纸、公开信、悬挂横幅等多种方式，大力宣传秸秆收贮运工作的先进典型，以典型引路；组织开展不同类型、不同层次的技术培训，采取农业科技入户、农民实用技术培训、科技下乡等多种培训形式，加快秸秆收贮运关键机具和实用技术使用知识的普及。

5. 增强秸秆收贮运的市场化运行动力

在当今应对全球气候变暖的大形势下，秸秆产业迎来了一个发展的重大机遇，不过从目前情况看，秸秆还田仍是秸秆综合利用最经济、最现实的方式和途径，取之于田，还之于田，秸秆利用的首要方向还是还田。因此，在规划建设秸秆电厂、气化站、固体成型以及纤维素乙醇等以秸秆为原料的企业时，切不可盲目布点，应在考虑当地的秸秆资源状况、收集半径和成本的基础上，科学规划，充分论证，合理布局，有效避免出现秸秆收购半径扩大、收集难度加大及原料成本上涨的不良竞争局面，使得项目建成后不用秸秆或无秸秆可用，从而造成巨大浪费。与此同时，鼓励企业开发生产科技含量高、利用程度深的秸秆产成品或副产品，通过延伸产业链将秸秆"榨干用尽"，提高附加值，创造秸秆利用的最大投入产出效率，逐步使秸秆收贮运体系市场化运行，充分调动社会资本投资开发利用秸秆的积极性，以促进我国秸秆利用产业的可持续发展。

（四）农村秸秆资源化处理与利用体系建设

技术进步和政策扶持是农村秸秆资源化处理与利用的关键点。

1. 开发新的秸秆利用技术

根据农业部2010年完成的全国农作物秸秆资源专项调查显示，2009年全国秸秆理论资源量为8.2亿吨，其中可收集资源量为6.87亿吨，每年废弃焚烧的秸秆总量达到2.15亿吨。如果将废弃焚烧的2.15亿吨秸秆全部实现资源化利用，那么除了将现有的技术最大化利用，还需要进一步开发新的秸秆利用技术。

目前，饲料化和还田利用是秸秆资源化利用的主要途径。最近几年，推广比较多的新技术有：秸秆固化成型技术、热解气化技术、秸秆产沼气技术、秸秆直燃发电技术、培育食用菌技术、利用麦秸做一次性餐盒等。

利用秸秆养殖昆虫，进一步发展各种昆虫产品有很广阔的应用前景，例如，黄粉虫的养殖。黄粉虫素有"动物蛋白饲料之王"的美誉，通过工厂化生产，可提供大量优质动物性蛋白质，促进养殖业的发展。黄粉虫脱脂提油后的虫粉蛋白质含量达到70%，再经提取壳聚糖（甲壳素），蛋白含量可高达 80%，不但能够替代进口优质鱼粉，而且完全可以食用。除了黄粉虫，秸秆还可以养殖蝗虫、大麦虫、蝇虫等多种昆虫。总体而言，秸秆利用技术发展没有特别成熟，秸秆的消耗量也比较有限。

2. 加大政策扶持

除了技术之外，政策的扶持也是解决秸秆问题的关键。只有得到政策上的大力支持，秸秆的能源化利用才会日渐成效。财政部 2010 年印发的《秸秆能源化利用补助资金管理暂行办法》提到，中央财政将补助资金支持秸秆能源化利用，支持对象为从事秸秆成型燃料、秸秆气化、秸秆干馏等秸秆能源化生产的企业，但支持面还不够广、支持力度还不够大。

二、废旧地膜回收与处理

（一）废弃塑料地膜污染特征分析

1. 残留地膜对农田生态系统的危害

（1）残留地膜对农田土壤的影响

地膜在土壤中常年不降解，即使降解也会产生有害物质；土壤中的残留地膜会使土壤含水量下降，削弱抗旱能力，而且会引起土壤次生盐渍化，土壤板结且肥力下降。

（2）残留地膜对作物生长和产量的影响

播在残膜上的种子，烂种率可达 6.92%，烂芽率达 5.17%，减产达 12% 左右；由于土壤残膜导致土壤板结、透气性差，根系不能正常发育，须根少，作物生长失调，导致农作物减产。另外，塑料地膜残留量大的地块，由于农田生态环境质量变差，导致农作物生长过程中病虫害发生率高，减产率高达 18% ~ 25%。

2. 对农村环境的危害

由于回收残膜的局限性，加上处理回收残膜不彻底，方法欠妥，部分清理出的残膜弃于田边、地头，大风刮过后，残膜被吹至家前屋后、田间、树梢、影响农村环境景观，造成"视觉污染"。

3. 残留地膜的化学污染

农用塑料膜是聚乙烯化合物，在生产过程中需加 40% ~ 60% 的增塑剂，即邻苯二甲酸二异丁酯，其化学性能对植物的生长发育毒性很大，特别是对蔬菜毒性更大。

邻苯二甲酸二异丁酯从农膜挥发到空气中，再经叶子气孔进入叶肉细胞，它的毒性作用主要是阻碍和破坏叶绿素的形成。植物的生长点和嫩叶由于生理活动旺盛，最易受到伤害，因而影响作物的光合作用，导致作物生长缓慢，严重的黄化死亡。

4. 其他方面的危害

残留地膜碎片会随农作物秸秆和饲料进入农家，牛羊等家畜吃残膜后，可能导致肠胃功能失调，膘情下降，严重时会引起厌食和进食困难，甚至导致死亡。另外，有些地方将残膜碎片焚烧，产生有害气体（二噁英），造成大气污染。

（二）废旧地膜回收与处理技术

1. 废旧地膜回收技术

废旧地膜回收的方法主要有人工和机械回收两种，目前废旧农膜的捡拾基本上是以人工为主，废旧农膜回收机械不能产生直接的经济效益，机具价格高，严重制约了废旧农膜机械化的进程，但人工作业性回收率低，作业效果差，劳动强度大，人工只能捡拾土壤表层的废旧农膜，造成大量的地膜使用后没有得到有效清理，年复一年，不断累积，并随着每年的耕翻作业，分层到了整个田间的耕层里，影响农田土壤质量和作物的生长，机械化废旧农膜回收在农场和土地集约化经营的组织中应用较广泛，节约劳动力，并能将回收的废旧农膜再生利用，可以克服人工捡拾的不足，是残膜回收的有效方法。

地膜机械回收技术是针对腹膜栽培技术而发展起来的一项配套技术，它是通过机械的方法将作物收获后留在地表的破损地膜收集起来的一项机械化技术。

按照农艺要求和作业时间可分为三类：①耕地前地表农膜回收；②苗期地表农膜回收；③耕作层农膜回收。目前应用最多的是耕地前地表农膜回收，该方法有秋后耕地前和春季耕种前废旧农膜回收两个时段，它有利于抑制杂草生长和作物生长后期的保墒作用，但由于农膜留存的时间长，受作物管理过程中人工、机械作业的影响，农膜已经破损，抗拉强度下降，使机械回收残留地膜难度加大；同时还有大量的枝叶、茎秆和根茬等杂物与残膜混合在一起，成为机械化回收残留地膜的难点。苗期地表农膜回收目前主要应用在水量较为富余的灌区，在进行第一次灌溉前适时揭膜，该方法必须在前期的种植时就为机械化揭膜、除草、施肥做好准备才能完成，由于对地膜和机具的性能要求较高，没有得到大面积的推广应用。耕作层废旧农膜回收，要求在表土作业或土壤翻耕过程中将混杂在土壤中的废旧农膜分离出来，目前以表土作业时捡拾地表层废旧农膜为主，混杂在土壤耕作层中的农膜还没有有效的清理方法，只能残留在土壤中。

2. 废旧地膜处理技术

（1）焚烧回收热能技术

目前中国使用的塑料农膜材料比较简单，主要是聚乙烯（PE）、聚氯乙烯（PVC）。聚乙烯的燃烧热为4663吉焦/千克，聚丙烯的燃烧热为4395吉焦/千克，聚氯乙烯的燃烧热为1806吉焦/千克，木材的燃烧热为1465吉焦/千克。可见，废旧塑料的燃烧热一般高于木材，通过焚烧进行热能回收具有很大的发展潜力。

现行的焚烧废旧塑料地膜的方式主要有三种：

①使用专用焚烧炉焚烧废旧塑料地膜回收利用能量法。这种方法使用的专用焚烧炉有流化床式焚烧炉、浮游焚烧炉、转炉式焚烧炉等。要求这类专用设备尽量无公害，可长期使用和能稳定连续操作；

②作为补充燃料与生产蒸汽的其他燃料掺用法。应用此法，热电厂可将农用塑料废弃物作为补充燃料使用；

③通过氢化作用或无氧分解转化成可燃气体或可燃物再生热法。这既是一种能量回收方法，又属于农用塑料废弃物在特殊条件下的分解。

（2）洗净、粉碎、改型、造粒技术

废旧地膜作为废旧塑料的一种，对其进行再生造粒，不仅实现了资源再生，而且解决了白色污染问题，是适合我国国情最主要的废旧地膜资源化利用技术。湿法造粒是目前普遍采用的一种较为成熟的工艺，再生后的颗粒纯度较高，可以用来作为高品质塑料制品的原材料。废旧地膜再生造粒有着广泛的用途。地膜主要为 PE 膜，PE 再生粒可用来生产农膜，也可用来制造化肥包装袋、垃圾袋、农用再生水管、栅栏、树木支撑、盆、桶、垃圾箱、土工材料等。

（3）制备氯化聚乙烯技术

回收利用农用地膜进行废聚乙烯制备氯化聚乙烯是非常需要的，一方面是高密度聚乙烯紧缺；另一方面是氯化聚乙烯作为聚氯乙烯的优良改性剂和特种橡胶应用已被世界公认。

（4）用废旧塑料地膜制造控释肥料的包膜材料

控释肥料的包膜材料主要是来源广泛、价格低廉的废旧塑料，如聚乙烯、聚丙烯、聚氯乙烯、聚苯乙烯等。包膜的厚度、开孔密度、包膜与肥料芯的质量比可根据需要进行调节。因农作物施用化肥量很大，因此，推广该项技术既可消纳大量废旧塑料资源，也可实现肥料释放与植物生长同步，从而提高肥料利用率。

（5）废旧地膜的掩埋处理

由于我国对废旧塑料地膜的再生利用技术相对落后，事实上人们已经用掩埋的方法处理了大量的废旧塑料地膜。掩埋处理法有两个优点：①深埋于地下，对地表层的绿色植物生长不会构成危害；②方法简单，设备投资最少，甚至只消耗人力和使用简单工具即可。掩埋法也存在严重的弊端：因埋入地下不见阳光和隔绝了空气，成为真正的"不朽之物"，短时期内虽然无害，但最终还是有害无利的，因其积累过多会严重妨碍水的渗透和地下水的流通，若长期如此操作，地下水源也将受到这类废弃物的污染。

第三节 畜禽生产环境治理

一、畜禽养殖产中控制

饲料是畜禽生存、生长、生产和繁殖所需一切营养因子的直接来源。只有均衡的营养才能保障饲料营养成分被最大限度地利用、最小数量地排放、最低比例地浪费，才能发挥畜禽最大的生产力水平。畜禽养殖场饲用氨基酸平衡、矿物质平衡等饲料，同时添加国家行政主管部门批准的微生物制剂、酶制剂和植物提取物等添加剂，可以提高饲料养分的利用率，减少粪尿及氮磷、恶臭物质、矿物元素的排放量。在饲料配方中禁用抗生素和激素类等高残留添加剂，减少其在畜禽产品和环境中的残留，有效避免畜产公害和降低环境风险。

（一）使用环保型饲料

1. 营养平衡饲料

国际上近 20 年来的实践表明，营养平衡饲料可使畜禽对营养素的需求得到最大满足，且实现最小浪费。营养平衡主要包括能量蛋白平衡、氨基酸平衡（即理想蛋白质）、矿物质平衡、维生素平衡等。通过在饲料中添加某些氨基酸促使饲料氨基酸平衡，饲料粗蛋白水平可降低 2 ~ 4 个百分点，对动物的生产性能无负面影响，氮排出量则可减少 20% ~ 50%。

2. 高转化率饲料

酶制剂是提高饲料养分消化率的重要工具。在猪鸡麦类饲料中添加非淀粉多糖酶，可降解抗营养因子可溶性非淀粉多糖（P- 葡聚糖和阿拉析木聚糖），进而全面提高饲料中各种养分的消化率，从而提高饲料转化率 13% 和氮利用率 12%，提高猪鸡生产性能，降低粪便排泄污染：植酸酶可显著提高植酸磷的生物学效价，可使植物性饲料中难以被猪鸡利用的植酸磷变为可被利用的有效磷，大大降低饲料中的无机磷添加量，降低磷的排泄污染，同时随着植酸磷（抗营养因子）的降解，饲料中其他营养素的消化利用率明显提高，氮的排泄污染相应减轻。其他如蛋白酶、纤维素酶和包含上述多种酶的复合酶以及饲料原料膨化加工技术、饲料制粒处理、多阶段饲养技术等均有提高饲料转化率和降低排泄污染的作用。

3. 低金属污染饲料

高铜、高锌、高砷饲料由于对猪具有促生长和防腹泻等效果而被广泛应用，但高剂量的铜、锌、砷大量、长期地排出体外，对生态环境造成严重的污染。人们现已开始重视开发应用具有促生长和防腹泻作用的无公害饲料添加剂，以取代高铜、高锌、高砷添加剂的使用。卵黄抗体、有机微量元素、益生素、酸化剂、植物提取物等在这方面已显示出作用。但要全面停止高铜、高锌、高砷的应用，还需不断地加强和完善替代技术的研究。目前，正在研究开发中草药型环保饲料取代高铜、高锌、高砷饲料。

4. 除臭型饲料

低聚糖能够显著降低仔猪产生的氨、吲哚、粪臭素及对甲酚等有害物质。EM 有效微生物菌剂加入饲料中，可促进猪的生长，提高抗病能力，并明显地降低粪的臭味，减少夏季蚊蝇的密度，净化空气。饲料中添加活性炭、沙皂素等除臭剂，可明显减少粪中的氮气及硫化氢等臭气的产生，减少粪中的氨气量40% ~ 50%。国外用除臭灵可降低密闭猪舍和化粪池中的氨气散发量，有利于人畜健康，同时也提高了动物的生产性能。向猪饲料中添加的膨润土、海泡石、沸石粉等，具有与粪中氨结合的功能，促使粪中氨散发量减少。

（二）改进饲养技术

畜禽饲养过程也就是污染物产生的过程，污染物产生量在很大程度上取决于畜禽场的饲养技术。改进畜禽场饲养技术是减少污染物产生量、降低后续污染处理难度、提高综合利用价值的关键所在。合理利用动物福利养殖新技术，如产仔围栏替代分娩箱，自由散养取代密集室内饲养，家族栏替代母猪隔栏，蛋鸡栖架饲养，肉鸡栅栏式饲养等，既满足了动物福利促进畜禽健康，又有利于禽舍废物的集中处理；合理利用农牧结合、生态放牧饲养等生态养殖技术，促进农业生态系统的良性循环。

（三）节约用水，减少污染物排放

畜禽养殖场用水主要有两部分：一是畜禽饮用水；二是畜舍清洗用水。前者主要取决于畜禽的品种、饲养方式及饮水设施，尤其是饮水设施不同，造成的放、流、跑、漏、渗水量不同。如：养鸡场采用乳头饮水线，可大幅度地降低舍内鸡的饮用水水量及污染排放量。因此，采用科学的饲养方式及合理的饮水设施，可减少用水量，减少浪费。

畜舍清洗用水占畜禽养殖用水的绝大部分，不同的清洗方式对水量的需求量不同，我国规模化养殖场目前主要的清粪工艺有三种：水冲式、水泡粪（自流式）和干清粪工艺。

1. 水冲式清粪工艺

该工艺是20世纪80年代中国从国外引进规模化养猪技术和管理方法时采用的主要清粪模式。该工艺的主要目的是及时、有效地清除畜舍内的粪便、尿液，保持畜舍环境卫生，减少粪污清理过程中的劳动力投入，提高养殖场自动化管理水平。水冲粪的方法是粪尿污水混合进入缝隙地板下的粪沟，每天数次从沟端的水喷头放水冲洗。粪水顺粪沟流入粪便主干沟，进入地下贮粪池或用泵抽吸到地面贮粪池。

2. 水泡粪清粪工艺

水泡粪清粪工艺是在水冲粪工艺的基础上改造而来的。工艺流程是在猪舍内的排粪沟中注入一定量的水，粪尿、冲洗和饲养管理用水一并排放缝隙地板下的粪沟中，储存一定时间后（一般为 1～2 个月），待粪沟装满后，打开出口的闸门，将沟中粪水排出。粪水顺粪沟流入粪便主干沟，进入地下贮粪池或用泵抽吸到地面贮粪池。

水冲式清粪工艺、水泡粪清粪工艺耗水量大，排出的污水和粪尿混合在一起，增加了处理难度。北方地区应用较多的水泡粪清粪工艺，由于粪便长时间在猪舍中停留，形成厌氧发酵，产生大量的有害气体如硫化氢、甲烷等，进而危及动物和饲养人员的健康。

3. 干清粪工艺

干清粪工艺的主要方法是粪便一经产生便分流，干粪由机械或人工收集、清扫、运走，尿及冲洗水则从下水道流出，分别进行处理。干清粪工艺分为人工清粪和机械清粪两种。人工清粪只需用一些清扫工具、人工清粪车等，设备简单，不用电力，一次性投资少，还可以做到粪尿分离，便于后面的粪尿处理；其缺点是劳动量大，生产率低。机械清粪包括铲式清粪和刮板清粪。机械清粪的优点是可以减轻劳动强度，节约劳动力，提高工效；缺点是一次性投资较大，还要花费一定的运行维护费用。

干清粪工艺可保持猪舍内清洁，无臭味，产生的污水量少、浓度低，易处理。干粪直接分离还可最大限度地保存它的肥料价值，堆制出高效生物活性有机肥，而且，该工艺的工程投资和运行费用比水冲式和水泡式清粪工艺降低一半以上。

二、畜禽粪便收集与处理

（一）畜禽粪便收集与处理现状

畜禽粪便是含有农作物所需的氮、磷、钾等各种元素的有机肥料，肥效高，利用广泛，被称为"农家宝"，可提高农作物的品质，改良土壤。但是，畜禽粪便中含有致病性微生物，主要包括条件致病菌、传染病病原体、致病性大肠杆菌和其他肠道病毒、寄生虫卵等。粪便被排出体外后，若不被抑制或灭杀，就会污染环境，污染手、土壤、水源、衣服、用具，被苍蝇携带或被家养动物吞食，引起肠道传染性疾病的发生。

1. 畜禽粪便还田

还田是目前畜禽粪便处理的主要方式，但是其比例呈下降趋势。无论是养猪还是养家禽，目前农户对粪便主要采取还田的处理方式。家禽粪便的还田比例达到 68.7%，而生猪粪便的还田比例更高，达 86.7%。但是过去五年，无论是生猪粪便还是家禽粪便的还田比例都呈现不同程度的下降趋势。2005 年，有 93% 的生猪粪便被用于还田，而到 2010 年这一比例下降到 86.7%，下降了 7 个百分点。同样，家禽粪便的还田比例由 2005 年的 71.4%下降到 2010 年的 68.7%。畜禽粪便还田比例的下降，从长期看来，可能会对中国耕地的肥力产生一定的负面影响。

2. 畜禽粪便废弃

畜禽粪便废弃比例不断上升，且增幅明显。近几年来，畜禽粪便的废弃比例呈明显的上升趋势。2005 年，生猪粪便的废弃比例仅有 2.0%，但是到 2010 年，其废弃比例却上升到 4.0%。家禽粪便的废弃比例也由 2005 年的 26.8% 上升到 2010 年的 28.3%。畜禽粪便还田比例下降而废弃比例上升，可能与农户大量使用化肥替代有机肥以及农村劳动力成本较大幅度上升有关。另外，家禽粪便的废弃比例要远高于生猪粪便，可能是因为散户饲养家禽大多采用自由放养方式，加之所产生的粪量小，粪便收集成本较高。

3. 畜禽粪便沼气化

沼气作为一种新型的畜禽粪便处理方式逐渐得到重视。畜禽粪便用于沼气生产的比例在 2005—2010 年增长较快。从生猪饲养农户的粪便处理方式来看，2005 年生猪粪便用于沼气生产的比例只有 3.5%，到 2010 年这一比例上升到 8.6%。对于家禽饲养农户，虽然家禽粪便用于沼气生产的比例不大，但还是从 2005 年的 1.4% 上升到 2010 年的 2.8%。畜禽粪便用于沼气生产的比例上升很可能与中国在过去几年一直大力推广沼气工程有关。从 2005—2010 年的五年中，生猪饲养农户和家禽饲养农户仅将小部分畜禽粪便用作水产饲养业的饲料。

2010 年，有 0.7% 的生猪粪便被用作饲料，与 2005 年相比下降了 0.1 个百分点；同时，家禽粪便用作饲料的比例也下降了 0.2 个百分点。总体而言，散户饲养畜禽粪便用作饲料的比例很小且变化不明显，基本上处于稳定的状态。

（二）畜禽粪便处理与利用的原则与要求

1. 畜禽粪便无害化

畜禽粪便中常含有大量的病菌和寄生虫卵，若直接施到地里会导致多种传染病和寄生虫病的发生。因此，在使用前必须经过无害化处理，以杀死病菌和虫卵量化。

2. 畜禽粪便资源化

畜禽粪便中还含有大量的有机物和氮、磷、钾等营养物质，因此，畜禽粪便无害化处理后可作为宝贵的有机肥资源。有害粪污经过治理，达到变废为宝的目的。工艺上可采用干清粪分离方式，污水、尿水经过厌氧发酵后可去除 COD 85%、BOD 80%，沼液通过人工湿地系统进行脱氮除磷后可进行农田灌溉、果园灌溉或者达标排放。经过固液分离后产生的沼渣与收集的粪便用作生产有机肥的生产原料，从而产生经济效益。

3. 畜禽粪便生态化

通过对粪污的治理，控制场区及周边水体污染，改善空气质量。通过厌氧发酵后所产生的沼液通过人工湿地系统后可以达标排放，同时生产有机肥可改善生产基地土壤生态环境，实施无公害生产，发展生态农业，促进土壤生态系统能量有效转化，全面提高生态环境质量。

4. 因地制宜原则

我国幅员辽阔，各地的地理条件、自然气候、经济水平、文化程度、风俗习惯等各不相同，没有哪一种模式适用于全国。因此，必须结合当地实际情况，选择技术上可行、投资少、运行费用低的最佳处理模式。

（三）畜禽粪便处理与利用体系建设

为了管理好畜禽粪便，达到资源化利用的目的，必须建立畜禽粪便处理与利用管理体系，主要包括粪便的收集、存贮、运输、处理和利用等多个组成部分。功能包括：畜禽粪便的收集，粪便及废水的存贮，处理与利用，处理过粪便的运输。这些功能可以通过不同的途径来完成，具体采用哪种途径要根据特定的限制条件来选择。

1. 畜禽粪便收集和运输体系

（1）畜禽粪便应定点收集，定时清运，综合利用；

（2）村里产生的畜禽粪便由村指定专人负责收集、清运；

（3）规模养殖场畜禽粪便由场自行收集、清运，不能利用的污水由养殖场送至污水处理厂统一处理。

2. 未处理粪便的存贮体系

畜禽养殖场产生的畜禽粪便应设置专门的储存设施，其恶臭及污染物排放须符合《畜禽养殖业污染物排放标准》。必须远离各类功能地表水体（距离不得小于400米），并应设在养殖场生产及生活管理区的常年主导风向的下风向或侧风向处。储存设施应采取有效的防渗处理工艺，以有效防止畜禽粪便污染地下水。对于种养结合的养殖场，畜禽粪便储存设施的总容积不得低于当地农林作物生产用肥的最大间隔时间内本养殖场所产生粪便的总量。畜禽养殖场设置专门的储存设施，并应采取设置顶盖等防止降雨（水）进入的措施。

（1）粪便贮存设施

设施周围应设置排水沟，防止径流、雨水进入贮存设施内，排水沟不得与排污沟并流；周围应设置明显的标志和围栏等防护设施；宜设专门通道直接与外界相通，避免粪便运输经过生活及生产区；周围进行适当绿化，按 NY/T1169 相关要求执行；防火等级要达到GB50016 中防火三级要求。

（2）污水贮存设施

设施周围应设置排水沟，防止径流、雨水进入贮存设施内，排水沟不得与排污沟并流；进水管道直径最小为 300 毫米。进、出水口设计应避免在设施内产生短流、沟流、返流和死区；周围应设置明显的标志和围栏等防护设施；定期清除底部淤泥；周围进行适当绿化，按 NY/丁1169 相关要求执行；防火等级要达到 GB50016 中防火三级要求。

3. 畜禽粪便处理与利用体系

建设畜禽粪便处理与利用体系，应该根据现有的设备加以选择。例如，如果现存的设施为冲洗式，不做大的改进是不可以用于干处理。如果计划建立新的畜牧场，则必须考虑其他因素。改变粪便处理系统必须与畜牧场其他管理实践相配套，粪便必须选择合适的方法施用，尽可能多地使其中的养分被作物吸收或在施用前选择合适的贮存方法以使其不对环境产生影响。法规的要求也将影响畜禽粪便处理与利用体系的选择，例如，如果要求必须把地表径流收集和贮存施入农地，则需要液体处理系统，而其他的组分仍可以固相或稀粪形式进行处理。

粪便处理系统类型可分为固体和传统的粪便处理、稀粪便处理、液体粪便处理、厌氧处理池、移去悬浮固相物质、堆肥及以上的组合。每个系统又可分为五个主要组成部分：收集、贮存、加工或处理、运输、利用。粪肥的管理方式因含水量不同可有很大的差异。粪肥处理方式和贮存方式不同，氮的挥发损失可有很大的差异。在施入田间前，固态粪肥日常处理的氮挥发损失率为15% ~ 35%，露天堆放的氮挥发损失率为40% ~ 60%；液态粪肥厌氧贮存氮挥发损失率为15% ~ 30%，地表贮存氮挥发损失率为10% ~ 30%；与土混合贮放氮挥发损失率为20% ~ 40%。在施用过程中，氮挥发损失率固态粪肥散施为15% ~ 30%，散施后与土混合为1% ~ 5%；液态粪肥散施为10% ~ 25%，施后与土混合者为1% ~ 5%；直接注入土内者为小于2%；喷施者为30% ~ 40%。

（四）畜禽粪便处理与利用技术

畜禽粪便是一种宝贵的能源和肥料资源。通过加工处理可制成优质有机复合肥料和清洁能源。开发利用畜禽粪便不仅能变废为宝，解决农田有机肥用量及畜禽饲养场（户）用能问题，而且可减少环境污染，防止疫病蔓延，具有较高的社会效益和一定的经济效益，是保证农业可持续发展的重要资源。畜禽粪便利用主要有肥料化利用、能源化利用、制作动物饲料、生产动物蛋白等。

1. 肥料化技术

畜禽粪便中含有大量的有机物及丰富的氮、磷、钾等营养物质，是农业可持续发展的宝贵资源。施于农田后有助于改良土壤结构，提高土壤有机质含量，促进农作物的增产。数千年来，农民一直将它作为提高土壤肥力的主要来源。过去采用填土、垫圈的方法或堆肥方式将畜禽粪便制成农家肥。现如今，伴随着集约化养殖场的发展，人们开展了对畜禽粪便肥料化技术的研究。

（1）直接施用

畜禽粪便是优质的有机肥料，在我国传统农业生产中主要是将畜禽粪便直接施用或者简单堆沤后施用。Bailey 等研究表明，新鲜猪粪中的挥发性脂肪酸具有抑制和消除植物土传病害的功能。因此，将新鲜的猪粪便作为肥料直接施入大田，既可以为作物提供营养元素，又可以消除一些土壤中的病害。这些直接施用的方法不需要很大的投资，操作简便，易于被农民接受和利用，但是由于畜禽粪便中水分含量高、大量施用时不方便等原因，在一定程度上限制了其施用。

（2）堆腐后施用

堆肥是在人为控制堆肥因素的条件下，根据各种堆肥原料的营养成分和堆肥过程中对混合堆料中碳氧比、颗粒大小、水分含量和 pH 值等要求，将计划中的各种堆肥材料按一定比例混合堆积，在好氧、厌氧或好氧—厌氧交替的条件下，对粪便进行腐解，作为有机肥施用。陈志宇等研究指出，在堆肥过程中的主要影响因素包括以下几个方面：通风、温度、填充料的选择、堆料含水率、适宜的碳氮比和 pH 值。

（3）微生物菌剂发酵后施用

将经过选培的有益微生物菌剂加入到畜禽粪便中，通过微生物发酵堆腐而生成有机肥施用。自然堆肥初期微生物量少，需要一定时间才能繁殖起来，人工添加高效微生物菌剂可以调节菌群结构、提高微生物活性，从而提高堆肥效率、缩短发酵周期、提高堆肥质量。这种方法处理粪便的优点在于最终产物臭气少，且较干燥，容易包装、撒施，而且有利于作物的生长发育。在一些畜禽有机肥生产厂，常采用的方法有厌氧发酵方法、快速烘干法、充氧动态发酵法。

2. 能源化技术

（1）直接燃烧

在草原地区，牧民们收集晾干的牛粪作燃料直接燃烧，用来取暖或者烧饭，这是粪便直接做能源的最简单方法，但是利用不够充分，且易造成空气污染。

（2）乙醇化利用

畜禽粪便含有丰富的纤维素资源，牛粪中纤维素含量为 22%、半纤维素为 12.5%。将畜禽粪便中的木质纤维素进行预处理，然后转化为糖，进一步发酵成酒精，可作为乙醇化的原料。在碱预处理条件下，畜禽粪便的还原糖率达到 17.65%，而超声波与 KOH 联合预处理能使畜禽粪便的还原糖率达到 21.47%，比 KOH 单独预处理时高 3.82%。畜禽粪便的乙醇化利用可将畜禽粪便以无污染方式焚烧，然后发电利用，焚烧过程中产生的灰分还可以作为优质肥料。1992 年，英国 Fibrowatt 公司用鸡粪做燃料建立了发电厂。利用畜禽粪便发电既创造了经济价值、减少环境污染，又节约了煤炭、天然气等不可再生资源。

（4）沼气化利用

采用以厌氧发酵为核心的能源环保工程是畜禽粪便能源化利用的主要途径。畜禽粪便生产沼气是利用受控制的厌氧细菌分解作用，将粪便中的有机物转化成简单的有机酸，然后再将简单的有机酸转化为甲烷和二氧化碳。集约化养殖场大多是水冲式清除畜禽粪便，粪便含水量高。对这种高浓度的有机废水采用厌氧消化法具有低成本、低能耗、占地少、负荷高等优点，是一种有效处理粪便和资源回收利用的技术。它不但提供清洁能源（沼气），解决我国广大农村燃料短缺和大量焚烧秸秆的矛盾，还能消除臭气，杀死致病菌和致病虫卵，解决了大型畜牧养殖场的畜禽粪便污染问题。另外，发酵液可以用作农作物生长所需的营养添加剂。这种工艺已经基本成熟，在中小规模养殖户中得到全面推广和应用。

3. 制作动物饲料

畜禽粪便具有很高的营养价值，富含粗蛋白、矿物质及微量元素，对家禽和水产养殖具有很好的营养作用，经过高温高压、热化、灭菌和脱臭等过程，将粪便制成粉状饲料添加剂。

（1）直接喂养法

在美国，用鸡粪混合垫草直接饲喂奶牛的方式已被普遍使用。在饲料中混入上述粪草饲喂奶牛，其结果与饲喂豆饼的饲料效果相同。此方法简便易行，效果也较好，但要做好卫生防疫工作，以有效避免疫病的发生和传播。

（2）青贮法

粪便中碳水化合物的含量低，不宜单独青贮，常和一些禾本科青饲料一起青贮，调整好青饲料与粪便的比例，并掌握好适宜含水量，就可保证青贮质量。青贮法不仅可以防止粪便中粗蛋白损失过多，而且可将部分非蛋白氮转化为蛋白质，杀灭几乎所有有害微生物。

（3）干燥法

干燥法是处理鸡粪常用的方法。干燥法分为自然干燥法和机械干燥法。自然干燥法是将新鲜畜禽粪便单独或掺入一定比例的糠麸拌匀后，摊在水泥地面或塑料布上，随时翻动让其自然风干、晒干，然后粉碎，掺到其他饲料中饲喂。此法成本较低，操作简便，但受天气影响大，且易造成环境污染；机械干燥法是采用相关设备进行干燥，可达到去臭、灭菌、除杂草等目的。美国 Farrier Automatic 公司推出的风道式干燥机和我国广州农机研究所和华南农业大学联合开发的 JFGJ-1 型鸡粪快速干燥设备和生产线，高效节能，便于实现自动化。此法处理粪便的效率最高，而且设备简单，投资小，粪便经干燥后可制成高蛋白饲料。

（4）分解法

分解法是利用优良品种的蝇、蚯蚓和蜗牛等低等动物分解畜禽粪便，以达到既提供动物蛋白质又能处理畜禽粪便的目的。这种方法比较经济实用，生态效益显著。畜禽粪便通过青贮、干燥法和分解法等方法加工处理，提高了其利用价值和贮藏性，可充分利用畜禽粪便中的营养物质。

（5）热喷法

热喷法是将畜禽粪便经过热蒸与喷放处理，改变其结构和部分化学成分，并经消毒、除臭，使畜禽粪便变为更有价值的饲料。将新鲜鸡粪先晾至含水量30%以下，再装入密闭的热喷设备中，加热至200℃左右，压力为8~15千克/米2，经过3~4分钟处理，迅速将鸡粪喷出，其体积可增大30%左右。此法处理后，鸡粪膨松适口，有机质消化率可提高10%，并可消灭病菌，除去臭味。热喷技术投资少、能耗低、操作简便，具有广阔的利用前景。

4. 生产动物蛋白

以蝇蛆昆虫取食利用粪便腐败物质的生物特性生产蝇蛆产品，使粪便中的物质充分转化成虫体蛋白质或脂肪加工回收，蛆虫作为水产养殖饵料。与此同时，生产蚯蚓并加工成蚓粉，也是一种较好方法，但缺点是收集不易，劳动力投入大。近年来，美国科学家已成功在可溶性粪肥营养成分中培养出单细胞蛋白。

由于畜禽废物对环境污染的特殊性，不能走先污染后治理的老路，应以预防为主，防治结合。我国畜禽粪便处理是在参照和引进国外先进技术、针对我国具体国情和经济状况的基础上发展起来的，由于处理难度较大和各地情况差异，目前尚难有适合全国各地的新型高效处理技术。随着人们生活水平的提高和对环保要求的进一步严格，特别是随着我国生物技术水平的不断提高、有关机械及设备的进一步改进，形成高效低耗畜禽粪便处理技术是完全有可能的。可以预料，畜禽粪便的资源化、无害化处理和综合利用是今后畜禽粪便处理利用的方向，将对我国农业可持续发展、农产品产量品质的提高以及环境污染的治理产生积极的推动作用。

第八章　美丽乡村建设的保障措施

美丽乡村建设是党和国家提出的一项长期建设工程，符合国家总体构想，符合社会发展规律，符合农业农村实际，符合广大民众期盼。保障美丽乡村建设的顺利开展，建立一套系统的保障措施，多策并举，确保高效、有序地实施是推动美丽乡村建设扎实、稳步向前推进的坚实基础。创新管理，加强美丽乡村建设活动的保障体系，本章主要可以从以下几方面开展。

第一节　政策方面：完善制度建设

美丽乡村建设，离不开政策的大力支持。除了积极响应国家生态文明建设、美丽中国建设的政策外，国家和地方政府还要从经济、政治、文化、社会、生态方面制定具体的政策，同时，加强政策的落实，提供坚强的政策保障，以确保美丽乡村建设的有力执行。

一、用好现有政策

生态文明源于对历史的反思，同时也是对发展的提升。随着经济社会的不断发展，对生态文明的关注和认识也不断进入新的阶段。2002 年，党的十六大报告在"全面建设小康社会的奋斗目标"一章中明确提出："可持续发展能力不断增强，生态环境得到改善，资源利用效率显著提高，推动整个社会走上生产发展、生活富裕、生态良好的文明发展道路。"2003 年，《中共中央国务院关于加快林业发展的决定》中明确提出："建设山川秀美的生态文明社会。"生态文明一词开始出现在党的文件中。2007 年，党的十七大报告将"建设生态文明"作为实现全面建设小康社会奋斗目标的五大新的更高要求之一，标志着我国生态文明建设进入了新阶段。而党的十八大报告，更是理论化和系统化地赋予了生态文明新的内涵。我们可以看到，十年来，生态文明建设理论的脉络日益清晰，对生态文明的理解和诠释也愈发深刻，生态文明的理念正逐步贯穿于社会主义经济建设、政治建设、文化建设、社会建设科学发展的全过程。

生态文明建设不是简单的生态建设。生态文明的核心就是人与自然和谐共生、经济社会与资源环境协调发展，是人类为建设美好家园而取得的物质成果、精神成果和制度成果的总和。从物质成果上讲，贫穷不是生态文明，建设生态文明并不是放弃对物质生活的追求，既要"青山郭外斜"，还得"仓廪俱丰实"。我们提倡的生态文明就是要转变粗放型的发展方式，提升全社会的文明理念和素质，使人类活动限制在自然环境可承受的范围内，走生产发展、生活富裕、生态良好的文明发展之路。从精神成果上讲，我们提倡以人为本，但人类中心主义、人定胜天并不是生态文明。建设生态文明，就要把握自然规律、尊重自然规律，以人与自然、人与社会、环境与经济、生态与发展和谐共生为前提，牢固树立保护生态环境就是保护生产力、改善生态环境就是发展生产力的理念，使生态文明成为中国特色社会主义的核心价值要素。从制度成果上讲，必须建立完善的生态文明实现制度，也就是党的十八大报告要求的把资源消耗、环境损害、生态效益纳入经济社会发展评价体系，建立体现生态文明要求的目标体系、考核办法、奖惩机制。

农业是对自然资源的直接利用与再生产，是其他经济社会活动的前提和基础，农业生产与自然生态系统的联系最紧密、作用最直接、影响最广泛。农业的特质决定了农业生产和农业生态资源保护工作在整个生态文明建设中具有极其重要的地位。农业生态文明建设的成效，不仅事关农业农村的未来，还直接关系到我国生态文明全面建设的进程。只有农业生态文明建设取得实际效果，我国的生态文明建设才会有根本性的改变和质的突破。

党的十八大首次把生态文明纳入党和国家现代化建设"五位一体"总体布局，并提出要把生态文明建设放在突出位置，努力建设美丽中国，实现中华民族永续发展。建设美丽中国，重点和难点在乡村。2013 年中央一号文件作出了加强农村生态建设、环境保护和综合整治，努力建设"美丽乡村"的工作部署。农业部在 2013 年农业农村经济重点工作中也把建设"美丽乡村"、改善农村生态环境作为重点工作，并列入要为农民办的实事。因此，组织开展"美丽乡村"创建活动是贯彻党的十八大和中央一号文件精神的具体举措和实际行动。

二、制定专门政策

美丽乡村建设是包括农村产业发展、社区建设、生态环境、基础设施、公共服务等在内的系统工程，为实现农村地区经济、政治、文化、社会和生态建设的"五位一体"发展，中央和地方政府需要制定一系列的政策作为保障。建设美丽乡村，推动生态文明建设，不仅要优化生态环境，而且要带动农村全面发展，促进农民增加收入，维持社会和谐稳定，繁荣农村文化建设，以确保美丽乡村建设扎实稳步地向前推进。

党的十八大指出"以经济建设为中心是兴国之要，发展仍是解决我国所有问题的关键。只有推动经济持续健康发展，才能筑牢国家繁荣富强、人民幸福安康、社会和谐稳定的物质基础"。乡村只停留在"生态之美"上，并不是真正意义上的美丽乡村，也必须具备"发展之美"，因为农民需要这种看得见、摸得着的美丽，经济的发展是"美丽乡村"创建必不可少的环节。在"美丽乡村"经济建设中，应积极制定相关经济政策，如加大惠农政策力度、拓展优势特色产业、完善生态补偿机制等，推动"美丽乡村的经济发展"。通过立足本地实际，大力发展绿色经济、循环经济，推动经济发展与环境保护协调发展，将生态文明建设融入各项工作中，合理有序地保护和利用好自然资源，加快建设资源节约型、环境友好型工业，促进经济社会与环境保护协调发展，努力实现"美丽乡村"的经济发展与"生态文明"建设相结合。

十八大报告明确指出，应当"坚持走中国特色社会主义政治发展道路和推进政治体制改革""加快建设社会主义法治国家，发展社会主义政治文明"。在"美丽乡村"政治建设中，首先要强化农民群众的民主意识，通过多种形式和途径对村民进行周期性的有关民主权利的宣传和教育，唤醒他们的政治参与意识，从而增强广大农民群众的民主意识、维权意识和监督意识，激发他们参与村民自治和"美丽乡村"建设的热情；其次，要建立完善的农村基层干部培训制度，通过加强党内民主，进一步加大对乡镇党委和村党支部成员的教育培训力度，不断地增强其以人为本、依法执政的观念；最后，要健全农村基层组织的民主决策机制，建立以民主选举、民主决策、民主管理、民主监督为主要内容的村级民主管理制度体系，加快农村基层民主政治建设向程序化、制度化、规范化方向发展。如"建立一套相应的干部考核评价机制"，"将资源消耗、环境损害、生态效益纳入经济社会发展评价体系，建立体现生态文明建设要求的目标评价体系"。

美丽乡村在注重外在美的同时，也要注重内在美，注重农业文明的保护和传承。在十八大报告中明确指出应当"加快推进重点文化惠民工程，加大对农村和欠发达地区文化建设的帮扶力度，继续推动公共文化服务设施向社会免费开放"，在2013年中央一号文件中也指出要"加大力度保护有历史文化价值和民族、地域元素的传统村落和民居""切实加强农村精神文明建设，深入开展群众性精神文明创建活动，全面提高农民思想道德素质和科学文化素质"。只有繁荣农村文化，才能更好地推进乡风文明。美丽乡村的文化建设必须因地制宜，善于挖掘整合当地的生态资源与人文资源，挖掘利用当地的历史古迹、传统习俗、风土人情，使乡村建设注入人文内涵，展现独特的魅力，提升乡村的文化品位。政府应积极推行专门政策，加快农村文化设施和农村文化队伍建设，加强对农村文化市场的指导和管理，积极倡导文明健康的农村文化之风。

城乡发展失衡，不仅表现为城乡居民收入水平之间的差距，更有教育、医疗、文化、社会保障等基本公共服务方面的差距。在十八大报告中明确指出："加强社会建设，是社会和谐稳定的重要保证。必须从维护最广大人民根本利益的高度，加快健全基本公共服务体系，加强和创新社会管理，推动社会主义和谐社会建设。"在"美丽乡村"社会建设中，政府应积极推行农村公共服务政策，将农村公共服务设施建设纳入城乡基础设施建设的优先序列，让农民在教育、医疗、就业等方面与城里人一样享有改革发展的成果。要着力加大国家主体投入力度、实施教育资源向农村的整体倾斜，进一步加强农村教育机构建设，要采取城乡总体平衡教育资源的办法加快解决农村师资极度匮乏的问题，加强以就业为导向的职业技术教育机构建设，建立多层次的助学制度。要加大对农民工流入地教育经费的投入，以减轻当地政府解决农民工子女就学问题的压力。建立健全城市支持农村的医疗卫生扶助机制，着力提高乡镇卫生院和村级卫生所建设水平，加快实现农民公共卫生保健和"看病不难、用药不贵"的目标。

三、强化政策落实

政策的执行和落实是美丽乡村建设进程中不容忽视的重要环节，没有良好的政策执行，美丽乡村建设的目标便无法完成。美国政策学家艾利森曾下了如此论断：在实现政策目标的过程中，方案确定的功能只占10%，而其余的90%取决于有效执行。美丽乡村建设是符合我国国情，符合农村实际的一项长期性的政策，强化美丽乡村建设的落实具有重大的政治意义和深远的历史意义。政策的落实具体从以下几方面加强：

（一）不断完善美丽乡村建设的政策体系

美丽乡村建设是一项长期性的历史任务。在政策执行的过程中，首先要充分考虑政策执行的长期性，不能急于求成、一蹴而就。因此，建设美丽乡村不能短打算，而要长期谋划；落实任务时要抓好开局，从紧迫的事做起，并依据生产力发展和财力增长的状况逐步推进，防止盲目蛮干，揠苗助长；尤其不能以运动的方式搞建设，相互攀比赶进度，甚至为了达标而不惜举债，那就不是造福群众而是祸害群众；其次，要全面认识美丽乡村建设的目标，要以科学发展观为指导，以促进农业生产发展、人居环境改善、生态文化传承、文明新风培育等为目标，重点推广节能减排技术，节约保护农业资源；按照减量化、再利用、资源化的原则，推进清洁生产，转变农业发展方式；加强农业生活与人居环境治理，实施乡村清洁工程、秸秆综合利用、废弃物的资源化利用、污染物排放的控制；加大治理重金属污染和土壤清洁力度，发展生态农业、循环农业、有机农业，大幅降低农药、化肥使用，改善农业生态环境。要按照天蓝、地绿、水净，安居、乐业、增收的要求，培育形成不同类型、不同特点、不同发展水平且可复制的"美丽乡村"创建模式，推动形成农业产业结构、农民生产生活方式与农业资源环境相互协调的发展模式，加快我国农业农村生态文明建设进程。总而言之，"美丽乡村"应该是"生态宜居、生产高效、生活美好、人文和谐"的典范。

（二）充分尊重农民的主体地位

美丽乡村建设的主体是农民，在建设美丽乡村的过程中国家的作用只能是引导。只有把农民的积极性充分地发挥出来，美丽乡村建设才大有希望。因此，在美丽乡村建设中要充分尊重农民的意愿。要深入群众，注重调查研究，到群众中去，多听听老百姓的声音，多征求群众的意见，要从农民的生产生活需要出发。在干什么、不干什么的问题上，要按照村民自治中"一事一议"的民主议事制度来决定，不能用行政命令的方式。其次，要把让农民得到实惠放在最突出的位置。推进美丽乡村建设是一项长期而繁重的历史任务，必须坚持以发展农村经济为中心，进一步解放和发展农村生产力，促进农民持续增收；必须坚持农村基本经营制度，尊重农民的主体地位，不断创新农村体制机制；必须坚持以人为本，着力于解决农民生产生活中最迫切的实际问题，切实让农民得到实惠。在实践过程中，要充分发挥一批基层农技推广人员、种养能手、能工巧匠、农村经纪人等的示范带动作用。

（三）创新政策激励方式

政策执行人员的动力问题对美丽乡村政策实施具有重要意义。首先，在美丽乡村政策执行过程中，要在广大党员干部中营造比、学、赶、帮、超的浓厚氛围，激发党员干部的责任感、荣誉感和上进心。同时要让广大干部树立不进则退的新观念，引导他们积极投身到美丽乡村建设中去；其次，要强化干部责任制。强化干部责任制是提高政策执行动力的一条有效的途径。许多基层政策执行人员工作被动的主要原因就是权责不明确，因此，要大力强化干部责任制，严格追究失职人员的经济责任、行政责任和法律责任；再次，要创新奖励机制。对于那些工作中有突出表现的执行人员要根据其自身需求的特点给予相应的物质奖励、精神奖励和晋升奖励；最后，要大力提高农民素质，提高农村经济发展的能力，减轻农民对国家和政策的依赖。

第二节　管理方面：促进机制创新

美丽乡村建设需要一个有效的体制机制，特别是农村基础组织机构建设亟待加强，同时要建立一个充满活力、整个社会积极参与的激励机制，并不断地完善基层的民主监督机制，从而提高美丽乡村建设的管理保障能力。

一、加强机构建设

要顺利推进美丽乡村的建设，首先一定要抓好农村的基层组织建设，农村基层组织是农村基层工作的重要领导核心，是农村社会生活、经济工作、精神发展的领导者，农村基层组织对农村工作的坚强领导，对美丽乡村建设具有举足轻重的作用。

（一）发挥政府主导作用，领导村级组织建设

政府需要发挥主导作用，整合社会资源和组织资源来推进我国的美丽乡村建设。为了使村级组织更好地承接美丽乡村建设的任务，需要加强对村级组织建设的领导，把握其服务美丽乡村建设的宗旨。一方面，要加强对村级组织建设的政治领导。把村级组织建设成为有利于宣传和贯彻执行党的路线、方针、政策，有效地发挥好利益表达和利益综合的职能作用，确保村级组织建设的社会主义方向，为美丽乡村建设创造一个和谐稳定的社会环境；另一方面，要加强对村级组织建设的思想领导。提高基层党员干部自身的政治、思想觉悟和政策、理论水平，才能做好群众的思想政治工作，将向人民群众宣传党和政府的政策转化为村民的自觉行动，参与美丽乡村建设。与此同时，还要加强对村级组织建设的组

织领导，在美丽乡村建设中新兴的一些其他村级组织，如村级农民专业合作组织以及各种协会组织中发展党员并建立党支部，来加强领导和正确引导其发展，把握组织服务美丽乡村建设的宗旨，共同推进我国的美丽乡村建设。

（二）完善村级组织结构，明确组织职能分工

进行美丽乡村建设，要建立一支强有力的基层组织体系。既要不断地完善村级党组织和村民自治组织的功能，又要构建其他的村级组织载体，才能真正做到政府的主导性与农民的主体性的统一，才有利于推进美丽乡村建设。一方面，要始终坚持"围绕发展抓党建、抓好党建促发展"的正确思路，"在坚持按地域、建制村为主设置党组织的基础上，按照有利于促进农村经济社会发展、有利于充分发挥党组织作用、有利于加强党员教育管理、有利于扩大党的工作覆盖面的原则，积极探索其他设置形式。"要突破村民自治组织设置的制度性安排，满足美丽乡村建设中村民自治的现实需求，创新村民自治的组织形式，突破主要在行政村建立村民自治组织的做法，在其下属的自然村一级建立"新村（建设）管理委员会"或"村民理事会"，对自然村进行有效管理，形成组织上的对接。另外，党和政府要积极引导和帮助村民建设以村级农民专业合作组织为主的其他村级组织，来承接美丽乡村建设中农村经济、文化和社会建设方面的任务。

建立相关的工作协调机制，做到分工与协作的统一。带头帮助村民组建各种各样的村级农民专业协会组织（如老年人协会、妇女协会等），把一些具体任务分担给他们，把对这些组织的管理纳入村级党组织和村民自治组织的职能范畴，使村级党组织和村民自治组织的工作由更具专业的职能组织载体来承接。由于这些村级农民专业协会组织植根于农民自身需求和利益之中，更能有效地表达和保护农民利益，并调动村民参加美丽乡村建设的积极性。这样，既可以使得村级党组织和村民自治组织的职能分工更具体化，又可以有效地承接美丽乡村建设的任务。

（三）协调村级组织关系，提高组织整合能力

村级党组织和村民自治组织是党联系群众的桥梁和纽带，两者关系是否协调，关系到党的路线方针政策能否在基层得到贯彻落实，关系到组织是否有凝聚力并调动村民群众参与美丽乡村建设的积极性，是否能够整合村级各种资源共同推进美丽乡村建设。因此，首先要解决村级党组织的权力来源的合法性问题。这种合法性是指政治合法性，"这种特性不仅来自正式的法律或命令，而更主要的是来自根据有关价值体系所判定的、由社会成员给予积极的社会支持与认可的政治统治的可能性或正当性。"其次，要合理划分村级党组织和村民自治组织的职责权限，明确分工，各司其职，互相协作，密切配合。美丽乡村建设的目标和任务一旦落实到村一级，就转化为许多烦琐的具体事务，操作中涉及多种利益关系。因此，两者要从本村具体的实际出发，主要以《中国共产党农村基层组织工作条例》和《村民委员会组织法》为各自职责分工的依据，在具体的工作中做到分工协作，不断地

改进村级党组织的领导方式和工作方法，才能增强组织的凝聚力和战斗力；最后，坚持民主集中制原则，制定两委干部例会制度，落实党员会议制度；在村务管理工作中，坚持民主决策、民主管理、民主监督的原则，创新村务管理的运行机制，逐步建立村级党组织和村民自治组织班子联席会议制度。

（四）加强组织队伍建设，完善组织工作机制

在美丽乡村建设中，只有管好现有党员，发展好新党员，不断地提高党员的素质，才能更好地发挥先锋模范作用。一是以人为本，体现党员先进性。在美丽乡村建设中，要加强对村级党员的教育和培训，提高党员素质，把党员培养成为致富能手，使村级党员队伍真正成为村庄先进生产力的代表；二是创新活动载体，管好现有党员。围绕美丽乡村建设的目标和任务，为党员搭建发挥先锋模范作用的平台。通过活动载体，锻炼党员的党性，增强党员责任意识和服务意识；三是在村级农民专业合作组织中发展党员，甚至成立党支部，发挥党员队伍的先锋模范作用。与此同时，要加强对农村流动党员的跟踪调查及时为党员找到党组织。

村级组织的工作机制是村民群众在美丽乡村建设中行使知情权、参与权、监督权的重要保障，是村民群众作为美丽乡村建设的主体性地位得以体现的重要保证。首先，要完善民主决策机制。决策权是村民行使当家做主权利的体现。在美丽乡村建设中，这种当家做主的权利则是通过村民的主体性地位来体现的。村民群众通过行使决策权，参与美丽乡村建设。在我国的美丽乡村建设中，要始终坚持党的领导、人民当家做主和依法治村的有机统一的原则，完善党员、村民代表会议议事规则和程序；实行"一事一议"制度，决定村里的公共事务和公益事业，尊重村民的自决权，调动村民参与美丽乡村建设的积极性。其次，要完善民主管理机制。坚持民主集中制原则，建立"两委"班子联席会议制度，建立农村党建"双向述职"报告制度。

二、建立激励机制

（一）建立农民充分就业的政策激励机制

农民作为美丽乡村建设的实践者，创造就业、提高农民收入是民生之本。应建立农民充分就业和持续增收的长效机制，激发农村市场的活力，促进农民持续稳定增收。一要充分发挥地区资源优势，从发展生产、提高农民所得出发，充分利用金融信贷、技术服务、市场营销、专业合作社等方式，从广度和深度上开发农业资源，拉长主导产业的产业链，把农业产业化经营做大做强，充分挖掘农业内部的就业增收潜力；二要充分发挥区域经济优势，激发县城和中心镇的活力，吸纳更多的农村劳动力进入二、三产业。使县城和中心镇成为农民创业就业的重要平台和市民化的有效载体。进一步鼓励农民创业，促进乡镇企业重放光彩，使乡镇企业和县域经济成为农民就业的主渠道；三是充分发挥政策优势，降

低农民工特别是本地农民的就业门槛，促进农民工稳定地向产业工人转变。制定鼓励各种所有制企业招收本地劳动力、扩大农村劳动力就近就地转移等政策，为农民创造平等的就业环境。

（二）建立多元主体参与的政策激励机制

美丽乡村建设，需要建立政府负责、农民主体、社会参与的"三位一体"体制，建立政府责任性、农民主动性和社会积极性都不断增加的政策激励机制。通过制定激励性的政策，发挥政府的主导作用，培育农民的主体意识和自主能力，并发挥社会力量在美丽乡村建设中的作用。

（三）建立激发农村活力的政策激励机制

美丽乡村建设必须通过改革创新来激发农村活力，不断地增强建设实力。一要加大补贴，增加农民种粮收益，使农民获得合理利润；二要着力构建集约化、专业化、组织化、社会化相结合的新型农业经营体系，以此激发农业农村的内在活力；三要健全土地确权登记制度，保障农民权益不受侵害，以产权改革激发农村活力；四要进一步提高我国农民的组织化程度，提高合作社的引领带动能力和市场竞争能力；五要构建公益性服务与经营性服务相结合、专项服务与综合服务相协调的新型农业社会化服务体系，为农民提供全方位、低成本、高便利。

（四）建立基层领导干部的政策激励机制

农村基层干部是建设美丽乡村的带头人，党的路线方针政策要靠基层干部去落实，农村社会稳定要靠基层干部去维护，农民群众的积极性和创造性要靠基层干部去调动。建立和完善基层干部的激励机制至关重要。一要明确县级政府在美丽乡村建设中的主体责任，为基层干部抓好美丽乡村建设创造条件；二要创造良好的舆论氛围，大力宣传基层干部的重要地位和作用；三要保护好、发挥好基层干部的积极性和创造性，如财政、责权等；四要加强对农村基层干部的培养，建立科学的美丽乡村建设考核制度，形成正确的政绩导向。

三、完善监督机制

党的十七大报告中明确提出："要健全民主制度，丰富民主形式，拓宽民主渠道，依法实行民主选举、民主决策、民主管理、民主监督，保障人民的知情权、参与权、表达权和监督权。"加强农村民主监督工作，既是村民自治中基层民主建设的重要内容，又是规范权力运行和实现科学决策的重要保证，是建设美丽乡村的必然要求，我们要在实践过程中，不断地提高村民民主意识，不断地完善民主监督制度，为管理民主提供制度保障。

（一）进一步健全村务公开制度

目前，虽然村民自治的实践中已普遍设立从事监督的村务监督小组，有些地方还重点针对财务公开建立民主理财小组，从村级组织层次上看，这些小组都是置于村民委员会之下，从实际运作情况看，村务监督小组、民主理财小组和审计小组等成员大多是由村委会成员兼任，这样村务管理的监督效力就可见一斑。由于村民自治中受到多种因素的影响，我国农村村务公开制度在发挥其监督功能中存在诸多问题。例如，村务公开不够规范；村务公开的程序不科学，内容不全面；村务公开的监督组织设计不科学、缺乏独立性等。所以，进一步健全村务公开制度，保障农民群众的知情权、参与权和监督权显得尤为重要。

从村务公开的内容上看，凡是群众关心的问题都应该公开。对村民普遍关心的问题，公开前必须提交村民会议审核，做到公开程序规范；公开的事项要全面、准确、具体，做到公开内容规范；要根据大多数村民的意见，决定公开的时间和次数，做到公开时间规范；要从方便村民了解村内事务出发，设置固定的村务公开栏，做到公开阵地规范；要在村民代表会议中建立村务公开小组，具体负责村务公开工作，做到公开管理规范。

（二）设立村务监督委员会

村务监督委员会的设立是我国村民自治中村务管理监督制约机制的有益探索，它通过全过程的强力监督，有力地保障了村民自治中村民的知情权、决策权、监督权、参与权等，使村民在自治中真正实现自我服务、自我教育、自我管理。

村务监督委员会最主要的职能是监督村务。一是对村级财务的监督，主要包括对村级财务的资金使用监督、定期对村级财务收支账目的审计监督，这是监委会监督的中心环节。二是对村干部人事的监督。监委会对干部人事的监督有三种渠道：①村党支部推荐的干部或村民推荐的干部必须是两人以上，必须经过村民直选产生；②村党支部推荐的干部或村民推荐的干部必须符合《村民委员会组织法》《中国共产党农村基层组织工作条例》的规定，必须遵循法定程序；③对不称职的在职干部，可以通过监委会与村民联系，讨论，经过五分之一以上有选举权的村民联名，可以要求召开村民会议，罢免村民委员会成员。三是对村支两委职责和责任的监督。目前在农村权力机构运作中村支两委的确存在不协调和相互争权的状况，这主要是由于对村支两委职责划分不太明确，缺少责任监督。村党支部的职责主要是政治领导，处理农村党务问题，如果村支书以村干部的身份出现进行村务管理时，则与村委会一样受到监委会的职责监督。重大决策如果没有经过村民大会或听证会，那么对决策失误的村支两委的决策领导者应实行责任追究，明确责任大小和原因，采取相应的处罚或罢免措施。四是对基层民主管理的程序监督。程序监督主要包括对民主决策的程序、村干部人事的任免程序、民主选举的程序、财务收支的审计程序的监督，看其是否符合制度规定，是否公平、公开、合理、合法。五是建立和完善村干部的激励约束制度。要大力宣传、鼓励和表彰积极推行村务公开和民主管理的干部，切实维护和保障村干部的合法权益。

（三）提高村民的民主法制意识

一方面，要加强对普通村民的思想政治教育，要教育农村群众正确理解民主政治建设的有关法律法规，深刻理解法律赋予的神圣权利，明确自身当家做主的地位，明确滥用权利的危害，培养农民群众实行民主所需的思想认识、思维方式和道德水平，农民有了民主法制观念，就能够有效地参与民主监督；另一方面，要加强对村干部的培训，提高干部的整体素质。要突出抓好村干部的政策学习教育，大力加强对村干部民主法制意识的教育，培养民主管理能力，使他们认识到依法办事的重要性，认识到开展村务公开、民主管理工作的重要性和紧迫性，从而不断地提高发展农村民主政治的能力。

第三节　财政方面：拓展资金来源

美丽乡村建设离不开强大的资金支持，否则只是一句空话。而资金问题必须有强有力的保障机制。美丽乡村建设需要庞大的资金支持，只靠政府财政资金是远远不够的。必须建立财政资金以支持农村基础设施、养老医疗教育等公益性资金需求为主，商业银行、农村合作金融机构以支持农村生产和发展的资金需求为主，与此同时，以民间资金和引进外资为补充的多渠道、分工明确的融资供给体制，并在此基础上，加强财政监督，提高美丽乡村建设的财政保障能力。

一、加大政府投入

加大对农村公益性文化事业的投入水平，将公益性文化设施建设费用列入政府的建设计划和财政预算，设立农村公益性文化事业建设专项资金，保证农村重点公益性文化事业建设项目和设施的经费需求。加强和巩固农村文化阵地建设，坚持以政府为主导、以乡镇为依托、以村为重点，进一步加强美丽乡村公共文化设施建设，发挥政府对农村文化设施建设扶持奖补政策的引导、激励作用。与此同时，大力发展农民普遍受益的各种文化设施，以农民需求为导向，尤其是要普及网络、电信宽带、电视、广播等多种现代化的网络设施，以满足现代农民求知、求乐、求美的文化需求。

加大对基础设施投入力度，要明确美丽乡村建设过程中的重点建设项目，如重点支持农村重大水利骨干工程建设，支持农田水利、防病改水工程，不断地提高农业防御自然灾害的能力，改善农业生产条件。同时还要加强农村中小型基础设施建设，同农民生产和生活直接相关的农村道路、水利、能源等中小型基础设施。今后要把国家基本建设的重点转向农村，特别是要大幅度增加以改善农民基本生产生活条件为重点的农村中小型公共基础设施建设的投入，以改善农民生活条件。

加大对农村社会保障的投入力度，健全符合农村实际的社会救助和社会保障体系，建立符合农村实际的社会救助和社会保障体系，既是加强以改善民生为重点的社会建设的必然要求，更是解除农民后顾之忧、建设社会主义新农村的迫切需要。我们需要进一步完善农村最低生活保障制度。不断地扩大其覆盖面，将符合条件的农村贫困家庭全部纳入低保范围。同时，中央和地方各级财政要逐步增加农村低保补助资金，提高保障标准和补助水平，继续落实农村五保供养政策，保障五保供养对象权益，完善农村困难群众生活补助、灾民补助等农村社会救济体系。积极探索建立与农村经济发展水平相适应、与其他保障措施相配套的农村社会养老保险制度，并逐步提高社会化养老的水平。

二、鼓励多方参与

建立多渠道、多途径筹措美丽乡村建设资金的农村投资体系。除政府投入外，采取鼓励和优惠措施，吸引企业资金、私人资本、外资等以多种形式投到农业、农村建设事业上来。社会资金历来是我国各项建设事业的主要来源，优化社会资金特别是民间投资的发展环境，合理引导社会资金的广泛参与，也是美丽乡村建设投资保障的重要内容之一。

在美丽乡村建设中，在充分发挥政府投资的先导作用的同时，政府要加强对民间投资的产业引导，向民间投资开放全部的农村市场，并采取一定措施加以鼓励和支持，使其投入到农业和农村，促进农村的经济发展和社会进步；按照"谁投资、谁决策、谁受益、谁承担风险"的原则，真正建立起市场型农村投融资体制，使民间投资成为真正意义上的投资与决策主体，并通过市场机制来决定投资与撤资，促进社会资源的优化配置；营造良好的投资环境，加大在财税政策、土地使用、信贷资金等方面的支持力度，鼓励和引导民间投资。只有这样，才能形成美丽乡村建设中以政府为主导的多元化投融资格局和模式，广泛地吸收全社会资金的投入，减轻政府的财政压力和投资风险。

（一）优化民间投资环境

各级地方政府，要积极贯彻落实党的十八大精神和国家的法律政策，出台相关的配套政策，引导和规范民间投资行为，为民间投资创造良好的外部环境。一是明确发展规划思路；二是根据产业结构调整方向制定重点开发项目；三是出台确实倾向于民间投资的发展政策；四是对各种优惠政策要做好落实，在税收方面要以产业导向为标准，对民营经济一视同仁，土管部门要按土地使用权出让、转让、租赁等有关规定，解决好民间投资所需用地，对列入重点工程项目的要保证征地指标，工商部门要进一步简化对民间企业投资的审批权限，减少现行体制对个体私营经济准入的种种限制。

（二）加强信息平台建设

信息平台建设主要包括加快建立相应的政策信息、技术信息、市场信息在内的投资信息网络和发布渠道，收集整理、分析研究与民间投资有关的信息并定期发布。当前特别要设立为民间投资服务的信息服务中心、技术创新中心、投资咨询中心等机构，专门从事民间投资项目可行性研究、开发新产品以及社会公共协调等配套服务。提高农村投资主体的自身素质，鼓励民间投资走产业集聚和规模发展的道路，有效避免投资方向过于集中。

（三）大力扶持民营企业

民营经济是市场中最富活力、最具潜力、最有创造力的力量，是繁荣农村经济的重要力量，反哺农业和支援美丽乡村建设是农村民营企业应该承担的社会责任。推动微型企业和个体工商户的大力发展，要坚持非禁即入，不拘形式、不限规模、不论身份，全面放开、放宽、放活民营资本投资兴办市场主体，努力激发创业活力。一是要全面激发创业热情。充分发挥职能优势，依托工商所和微企创业指导站，加强政策引导和宣传发动，扩大微型企业和个体工商户发展工作的覆盖面和影响力；二是要放宽经营条件。着力解决微型企业和个体工商户在市场准入中遇到的启动资金不足、经营场所证明难办、前置许可耗时较长等问题；三是要加强创业扶持。落实好财政补助、税收返还、融资贷款等微型企业扶持政策，强化创业培训和创业引导。

（四）发展壮大集体经济

农村集体经济在美丽乡村建设中具有不可替代的作用。发展壮大农村集体经济既是美丽乡村建设的重要任务，同时也是美丽乡村建设的重要条件。鉴于农村集体经济不断萎缩的现实，当务之急是要加大政策扶持主导产业，完善税收与信贷，发展农村合作金融；加快对农村集体经济组织带头人、能人、专业人才的培养、管理和引导。与此同时，要推进改革，理顺体制，建立健全新型集体经济组织，大力发展专业合作经济组织，完善治理结构，区分经济组织与社区社会组织（村委会）之间的职能，明确各自的责任，建立相应的配套制度。

（五）发展农村资本市场

通过资本市场筹资，把一部分城市居民手中分散的资金集中起来，汇小成大，直接转化为发展农业的资本，这是我国农业产业发展的一种有效途径和崭新模式。据相关专家调查分析，利用资本市场将一部分市民引入农业领域，用城市居民资金来发展农业的前景是不可低估的。如果以利用股票形式，将城市居民手中资金的5%吸引到农业领域，那么将会有不少的资金投入到农业发展中来。当然要将这种可能变为现实还需要一定的条件，其中最重要的是必须有一个中间载体，农业类公司上市发行股票则是一种比较理想的途径。

（六）建立资金回流机制

农村资金原本不足，每年还源源不断地流向城市。应采取有力措施，尽快制止农村资金外流，以保证美丽乡村建设有足够的资金供给。首先，为抑制农村信贷资金外流提供制度性保证。我国应借鉴国际经验，制定社区再投资法或修改现行商业银行法，明确规定在县域内设立经营网点的商业银行应承担的信贷支农责任和义务，县域金融机构必须将吸收自本县内的一定比例的存款用于在当地发放贷款，这包括全国性金融机构的县支行和农信社；其次，合理利用经济手段和行政手段引导农村资金高效率地转化为农村投资，可以采用税收优惠和财政资金补偿金融机构贷款风险的措施引导资金回流农村。

（七）扩大利用外资规模

利用国外贷款不单纯是国外资金的引入，同时也是国外先进科技成果、人才智力和先进管理模式等先进生产力的引入。首先，要增加农业利用外资的规模。我国农业一直是贷款国或国际金融机构愿意优先安排贷款的领域，同时也是国家重点支持的领域。但近几年来，用于农业的国外贷款所占的份额很少。应继续按照有关文件精神，进一步明确国外贷款中可能用于农业生产、基础设施建设和农用工业的比重，以确实保证农业利用国外贷款的总量；其次，要给予政策性支持。建议国家和地方政府真正将农业利用国外贷款纳入国家总体资金利用计划，尽快实现内外资的统一，同时对农业使用国外贷款给予一定的贴息，延长还款期限，转贷不增加利差，并积极寻找国外赠款，以充分体现国家对农业利用国外贷款的支持；最后，调整农业利用国外贷款投资重点，加大对农业科技的投入，提高项目的科技含量。积极扶持农业综合企业，提高外资利用质量。

三、加强财政监督

美丽乡村建设是一个庞大的系统工程，谋定而后动，则事半而功倍，因此，科学编制美丽乡村建设规划并完善配套监督机制是十分重要的；财政支农资金具有投放规模大、持续时间长、不可控因素多等特点，在资金使用过程中管理难度大，资金流失机会也比较多。因此，在当前美丽乡村建设过程中，如何建立有效的财政支出监督机制是当务之急，美丽乡村建设中财政支出监督的目标是认真贯彻严格执行财政支农资金预算，遏制其运用过程中效率低下、浪费严重、腐败频出等不良现象，促进国家财政资源配置与使用效率的提高。

整合支农资金。第一，要理顺投资体系，合理统一安排投资项目。财政安排的支农资金要发挥财政部门的牵头、协调和管理职能，同时明确其他主管部门的职能；第二，要利用好县级这个平台做好整合工作，因为各项支农资金最终都要落实到县里，把这个平台建设好才能起到效果；第三，通过制定农业发展规划引导支农资金整合，各级制定的规划都要按程序进行评审并报批准后确定下来，作为今后各级各部门安排资金的重要依据；第四，实施项目管理，以主导产业和项目、优势产业和特色产品为依托打造支农资金整合的平台，集中各方面的资金到项目组内，通过项目的实施带动支农资金的集中使用；第五，建立协调机制，成立由政府主要领导担任负责人的支农资金整合协调领导小组，形成在同一项目区内资金的统一、协调、互补和各有关部门按职责分口管理的"统分"结合的工作联系制度。在支农专项资金使用方面做到专款专用，对综合考核评审较好的单位，在今后的项目申报和资金安排上给予优先考虑；同时，财政支出绩效评价从以往的事后评价过渡到事前评价与事后评价相结合，其评价的终极目标是考核政府提供的公共产品和公共服务的数量和质量。

改进审计监督的方式和方法。在财政支出监督方式上要改变以往事后集中审计的方法，不断地加强日常审计监督，实现全方位、多层次、多环节的监督，使日常审计贯穿到整个财政活动的领域，同时我们还要做到审计前不留漏洞、审计之中的监控不留死角、审计之后的处理不留情面，形成环节审计与过程监控并举、专项稽查与日常监控并行的财政审计监督检查新格局。同时我们还要认识到网络及新闻媒体的重要性，充分运用网络及新闻媒体做到及时公开，强化媒体的监督；要尽快建立涵盖整个财政收支管理的财政监督法制体系，加快财政支出监督的法制化进程。不断地加强对财政监督工作和法规的宣传，并加大财政监督执法和处罚的力度，以有效保障财政监督工作的顺利开展。只有如此，才能确保这些资金真正用在美丽乡村建设中。

第四节　技术方面：加强学科协作

美丽乡村建设需要有现代化的科技支撑，通过跨学科协作，推进农业科技创新与推广，重视农业科技成果转化以及加强农民意识和技能培训，提高现代化农业技术保障能力，带动农民致富，促进农业发展。

一、推进农业技术推广

基层农技推广体系是实施科教兴农战略的重要载体，是推动农业科技进步的重要力量，是建设现代农业的重要依托。加快推进农业科技创新与推广，大力推动农业科技跨越发展，对于促进农业增产、农民增收、农村繁荣、建设美丽乡村具有深远意义。现阶段，推进农业科技创新与推广，要力争实现五个新突破：一是加快农业科技创新，尤其是种植业创新有新突破；二是加快农技推广体系建设，尤其是健全基层农业公共服务机构有新突破；三是加快改善农业科技工作条件，尤其是乡镇农技站条件建设有新突破；四是加快先进实用农业技术推广，尤其是农业防灾减灾、稳产增产重大实用技术普及应用有新突破；五是加快农业人才培育，尤其是农村实用人才培养有新突破。

为进一步加强农业技术推广工作，着力构建农业技术推广体系，近年来，农业部不断加强基层国家农技推广机构建设，引导农业科研教学单位成为公益性农技推广的重要力量，大力发展经营性推广服务组织，加快构建以国家农技推广机构为主导，农业科研教育单位、农民合作社、涉农企业等广泛参与的"一主多元"农业技术推广体系。特别是2012年以来，农业部持续推进农技推广体系"一个衔接、两个覆盖"政策的落实，通过组织实施基层农技推广体系改革与建设补助专项，中央财政每年下达26亿元专项资金用于基层农技推广补助项目，并开展项目绩效考评，建立考核结果与项目经费分配挂钩机制，提高项目实施效果，组织实施乡镇农技推广机构条件建设项目，中央财政先后下达 50 多亿元用于乡镇农技推广机构条件建设。

在"美丽乡村"创建活动中，农业部联合文化部公共文化司、环保部中国环境出版社、中国农业电影电视中心、中国农业出版社、中国农学会、中央农业广播电视学校、农业部科技发展中心、农业部生态与资源保护总站、全国农业技术推广中心、本山传媒、湘村高科等单位，依托现代农业产业技术体系、农业技术推广体系，开展"双送双带双促"活动。以推动农业科技进村入户为目的，组织科技直通车，送技下乡，到"美丽乡村"的田间地头开展培训咨询，带动农技推广服务，促进粮食增产、农民增收。

二、重视科技成果转化

科学技术是第一生产力，发展现代农业必须加速农业科技成果转化。要继续安排农业科技成果转化资金和国外先进农业技术引进资金。积极探索农业科技成果进村入户的有效机制和办法，形成以技术指导员为纽带，以示范户为核心，连接周边农户的技术传播网络。发展现代农业，加速农业科技成果转化是关键。一是要根据本地实际情况，选择适合于本地区自然条件的农业科技成果，积极推动尽快应用到农业生产中去；二是要在保证农民收入的基础上促进农业科技成果转化。由于诸多条件的制约，我国农业生产条件及其品种仍保留数千年的遗迹，尤其是长期以来科学技术研究长期与生产实际相脱节，科研成果的目的是为了评职称，常常是经过相关鉴定就束之高阁，进入不到生产领域，加之广大农民对农业科研成果知之甚少，将科学技术研究成果转化成生产成果的内在动力不足，甚至对农业科技成果持有怀疑态度。为此，推广应用科技成果必须认真测算农民原有种植品种所能获得的利益，以此为基数和农民签订技术推进合同，用财政资金保证农业科学技术成果的有效推广应用，一旦有闪失，政府出资保障农民既得利益，而农业科技成果所增加的收益全归农民，这样才能充分调动农民推广应用农业科技成果的积极性，形成农业科技成果转化为生产成果的有效机制，才能切实推进现代农业的发展；三是要改革农业科技成果的鉴定考核，既要重视实验室的科研成果，更要重视推广到生产领域的生产成果，财政资金要更多地支持农业科技工作者和广大农民紧密结合，加速农技成果转化，从而促使农业科技工作者从单纯重视实验室研究成果转向实验室成果和生产成果并重，把农业科技工作者的目标转到生产成果上来，促使农业科技成果走出实验室，进入生产领域，产出生产成果；四是要加大财政资金对农业科技成果宣传的投入，要让农业科技成果走出实验室，进入农民中间，进入到市场中，要明明白白地告诉农民应用新科技成果与原有品种的投入产出之比，使农民心中有数，提高农民推广应用农业科技成果的自主意识，由要我推广逐渐转变为我要推广，真正使农业科技成果成为农业生产的香饽饽，农业科技人员成为现代农业生产方式的中流砥柱。

三、加强农民技能培动

（一）转变农民观念，提高农民的整体素质

农民的理念及素质与美丽乡村建设的需要之间还存着一定的差距，理念落后阻碍了我国农民素质的整体提高。从培养新形势下农民的层面出发，需要关注农民的思想观念与民主法制意识水平的不断提高。通过采用多种形式的农村文化建设，树立起农民在技能培训方面的文化氛围，调动农民在技能培训方面参与的主动性与积极性。如"三下乡""美丽乡村行"活动将科普知识带到了农民的田间地头，同时也把"药箱"送到了偏远山村，还将先进文化带到比较落后的村寨，这些方式有效地普及了科技文化知识，提高了农民技能。组织科技文化卫生活动，要抓住农村走向现代文明的薄弱环节，深入了解农民的所思所想，把"三下乡""美丽乡村行"活动同落实我党在农村的各项发展农业的政策有效地结合起来，与我国的农业产业结构调整及农民收入的提升紧密结合。在该活动过程中应广泛听取农民的意见与相关建议，从区域本身所具有的实际情况出发，针对农民生活的实际情况，不断地调整不同地区活动的内容和形式、时间和方式，真正将农民需要的服务送下乡，使下乡活动成为提高我国农民观念及道德素质的主要教育方式之一。

（二）构建农民技能培训的新机制

从政府的角度来说，首先，需要强调的是政府责任，政府应当进行适度干预。农民技能培训是一项惠及农民、高校、企业乃至全社会的事业。因此，政府应该加大投入。当前我国经济已经进入工业反哺农业、城市支持农村的社会发展阶段，按照健全公共财政体制的方向，政府要逐步加大公共财政支持返乡农民工培训的力度，建立稳定增长的投入机制；其次，政府应该整合各种类型的培训资源，加强培训管理。各级政府应成立专门的农民培训工作领导机构，具体负责统领农民工的培训工作；最后，政府应该建设以提高农民工技能培训为导向，鼓励民间培训机构平等参与，实现政府主导、官民并举的多层次技能培训体系。鼓励民间培训在鼓励不同类型主体积极参与培训的同时，要创造良好的环境促进不同类型培训主体之间的竞争，强化市场对培训机构的选择作用和对培训质量的检验作用。

（三）坚持市场导向，创新农民技能培训模式

技能培训的内容不仅要满足农民的需求，更重要的是要与市场进行接轨，要满足社会的需求，只有这样经过培训的农民才能在培训之后找到自己的用武之地，因此，在培训的过程中，需要培训机构或者高校密切关注现今社会所需要的技能，再根据市场的需要，结合农民的现实需求，设计出适合社会和农民两者的设计方案。既要从单纯的实用技术培训转向农民素质的全面提高，如增加语言交流能力培训，守法与职业道德培训，纪律与时间、效率观念培训，自我保护意识培训，从业能力培训，创业能力培训以及劳动工资、社会保障等方面政策法规知识的普及培训等，又要从单纯的实用技术培训逐渐转向多种意识的全

面提高，如注意对农民经营管理知识、市场意识、生态意识以及农产品深加工等方面的技术与内容的教育，培养出一批经营管理型、市场营销型、技术中介型的新型农民，使技术成果的转化过程更为顺畅。

（四）建立以政府为主导的多渠道资金筹措机制

农民技能教育培训的最主要矛盾无疑是经费的投入问题，经费短缺将严重制约农民技能培训体系的建立。资金的投入体系应以政府财政投入为主，同时发动企业以及部分非营利性组织等参与，倡导接受培训的农民适当负担技能培训费用的农民技能培训投入综合体系。在农民技能培训投入体系的管理上要不断地加强政府宏观调控的力度，完善中央财民技能培训作为重要的费投入，将根据不同区政实际情况通过中央财农民技能培训资金的转移支付的预算体制，规定各个不同区域的农民技能培训的投入标准，完善与农民技能培训相关的转移支付监督管理模式，确保在农民技能培训工作中转移支付资金能够规范化。确立跨区域的农民技能培训资金的合作机制，实现东西和中部不同区域间的农民技能培训资金的合理调配，加强不同区域政府在农民技能培训工作方面的合作力度，有效地实现农民技能培训资源的互补共享。

（五）建立健全农民技能培训的政策法规

政府要想确立良好的农民技能培训发展的管理体制，就必须不断地完善农民技能培训方面的法律制度，通过法治建设的不断加强，为我国的农民技能培训发展确立良好的政府环境基础。首先是中央政府要明确立法，通过法律的方式促进我国农民技能培训工作的不断发展；其次是省级政府要以国家政策法规等作为基础，结合本省经济发展的实际情况，制定符合本省农民技能培训需要的法律、法规的实施细则，同时还包括与农民技能培训联系密切的地方性法规及政策的制定和实施，从而有效地发挥法治在农民技能培训工作方面的作用；最后，我国要确立农民技能培训的宏观管理方式，并同时确立农民技能培训的质量监督机制。我国地方政府在农业技能培训方面执行主管的行政部门应从农民技能培训的实际出发，制定相应的农民技能培训教学的宏观管理文件，并以该宏观管理文件为基础进一步制定农民技能培训的质量评价标准，从而有效地实现对农民技能培训教学方面工作的指导与监督检查。

参考文献

[1] 王党荣. 传统文化回归美丽乡村环境规划设计 [M]. 石家庄：河北美术出版社，2018.

[2] 张天柱，李国新. 美丽乡村系列丛书 美丽乡村规划设计概论与案例分析 [M]. 北京：中国建材工业出版社，2017.

[3] 汤喜辉. 美丽乡村景观规划设计与生态营建研究 [M]. 北京：中国书籍出版社，2019.

[4] 唐珂，闵庆文，窦鹏辉主编. 美丽乡村建设理论与实践 [M]. 中国环境出版社，2015.

[5] 甘肃省党员教育中心编. 美丽乡村建设 [M]. 兰州：甘肃教育出版社，2016.

[6] 杜娜. 美丽乡村建设研究与海南实践 [M]. 北京：科学技术文献出版社，2016.

[7] 马虎臣，马振州，程艳艳编著. 美丽乡村规划与施工新技术 [M]. 北京：机械工业出版社，2015.

[8] 徐文辉编著. 美丽乡村规划建设理论与实践 [M]. 北京：中国建筑工业出版社，2015.

[9] 孙凤明. 乡村景观规划建设研究 [M]. 石家庄：河北美术出版社，2018.

[10] 杨岳主编. 中国梦 美丽乡村建设 环境治理 [M]. 广州：广东科技出版社，2016.

[11] 卢伟娜，李华，许红寨主编. 农业生态环境与美丽乡村建设 [M]. 北京：中国农业科学技术出版社，2015.

[12] 王秀红. 伦理视域下的美丽乡村生态治理研究 [M]. 武汉：武汉大学出版社，2019.

[13] 唐珂，宇振荣，方放主编. 美丽乡村建设方法和技术 [M]. 北京：中国环境科学出版社，2014.

[14] 朱万峰，时玉亮，王好勇编著. 旅游导向的美丽乡村发展 乡村旅游与休闲农业探索研究 [M]. 北京：新世界出版社，2014.

[15] 李进，王会京，李静. 基于生态文明视域下的美丽乡村建设研究 [M]. 石家庄：河北人民出版社，2019.